辽宁省省级一流本科课程建设成果教材

机械制造技术基础

张晓林　李继平　主　编
高明明　张雪飞　商　丽　副主编

化学工业出版社
·北京·

内 容 简 介

本书对机械制造技术的基本理论和基本方法进行了较为全面的介绍，内容主要涵盖金属切削基础、金属切削机床基础、机械制造工艺基础、机床夹具原理与设计基础、机械加工件的振动与控制等，为满足应用型人才培养的需求，并将理论与实践更有机地结合，本书还增加了实例的内容。

本书深入浅出，力求精练，可作为普通高等学校机械工程及其自动化专业的教材，也可供相关专业师生及企业工程技术人员参考。

图书在版编目（CIP）数据

机械制造技术基础/张晓林，李继平主编.—北京：化学工业出版社，2023.6（2024.11重印）
ISBN 978-7-122-43176-9

Ⅰ.①机… Ⅱ.①张… ②李… Ⅲ.①机械制造工艺-高等学校-教材 Ⅳ.①TH16

中国国家版本馆 CIP 数据核字（2023）第 052502 号

责任编辑：金林茹

责任校对：边　涛　　　　　　　　　　　　装帧设计：王晓宇

出版发行：化学工业出版社（北京市东城区青年湖南街 13 号　邮政编码 100011）
印　　装：北京科印技术咨询服务有限公司数码印刷分部
710mm×1000mm　1/16　印张 $13\frac{1}{4}$　字数 248 千字　2024 年 11 月北京第 1 版第 3 次印刷

购书咨询：010-64518888　　　　　　　　　　　售后服务：010-64518899
网　　址：http://www.cip.com.cn
凡购买本书，如有缺损质量问题，本社销售中心负责调换。

定　　价：49.00 元　　　　　　　　　　　　　　版权所有　违者必究

前言

"机械制造技术基础"是机械工程类专业的主干课之一,主要涉及金属切削基础、金属切削机床基础、机械制造工艺基础、机床夹具原理与设计、机械加工质量分析与控制等方面,内容广,综合性比较强。学习"机械制造技术基础"课程,能为后续专业课的学习及毕业设计打下基础,同时也为将来从事机械方面工作做好铺垫。

"机械制造技术基础"也是一门实践性较强的课程,为满足应用型人才培养的需求,本书以强化基础能力建设推进科技创新为指引,精选了适合应用型人才培养的金属切削基础、金属切削机床基础、机械制造工艺基础、机床夹具原理与设计基础、机械加工件的振动与控制等内容,减少了较深的理论分析和复杂公式推导,同时还增加了实例的内容。本书以学生为中心,对理论知识的广度和深度进行合理调整,基础理论章节设有习题,便于学生总结复习。

本书由沈阳城市建设学院张晓林、李继平主编,高明明、张雪飞、商丽任副主编,钟建东、于联周、范磊、邢智慧、高国伟、夏冰新、王丹、关天乙、贾维维、赵欣、赵丽、王玉玲、王莹、孙雪、吴超群、张波、李洪鹏、雷利等做了很多工作。全书由沈阳建筑大学孙军教授主审,沈阳城市建设学院王娜教授为本书提出了很多宝贵的意见。

本书在编写的过程中参考了许多专家和同行的有关文献和资料,在此,谨向他们表示衷心的感谢!同时,向所有关心和帮助本书出版的人员表示感谢!

限于编者的水平,书中不当和疏漏之处在所难免,恳请广大师生和读者批评指正。

编　者

目录

第 1 章 金属切削基础　001

- 1.1 切削运动与切削用量　001
  - 1.1.1 零件成形方法　001
  - 1.1.2 零件表面的形成　002
  - 1.1.3 切削运动　004
  - 1.1.4 切削参数　005
- 1.2 刀具结构及材料　007
  - 1.2.1 刀具的结构　007
  - 1.2.2 刀具几何角度　008
  - 1.2.3 常用刀具材料　013
  - 1.2.4 刀具磨损　015
- 1.3 切削变形及切屑　021
  - 1.3.1 金属切削变形　021
  - 1.3.2 切屑的种类　023
- 1.4 切削条件的合理选择　024
  - 1.4.1 刀具几何参数的选择　024
  - 1.4.2 切削用量的选择　029
  - 1.4.3 工件材料的切削加工性　030
  - 1.4.4 切削液的选择　031
- 练习题　034

第 2 章 金属切削机床基础　036

- 2.1 概述　036
- 2.2 机床的分类与型号　037
  - 2.2.1 机床的分类　037
  - 2.2.2 金属切削机床型号的编制　038
- 2.3 常见金属切削机床　042
  - 2.3.1 车床　042
  - 2.3.2 磨床　044
  - 2.3.3 钻床　047
  - 2.3.4 铣床　049
  - 2.3.5 镗床　050
  - 2.3.6 刨削类机床　051
  - 2.3.7 数控机床与加工中心　053
- 练习题　057

第3章
机械制造工艺基础　　058

3.1 概述　　058
3.1.1 生产过程与工艺过程　　058
3.1.2 工艺过程的组成　　059
3.2 机械加工工艺规程设计的内容和步骤　　061
3.2.1 研究和分析零件的工作图　　061
3.2.2 根据零件的生产纲领确定零件的生产类型　　062
3.2.3 确定毛坯的种类　　063
3.2.4 拟定零件加工的工艺路线　　064
3.2.5 机床及工艺装备的选择　　073
3.2.6 确定各工序的加工余量、工序尺寸及公差　　073
3.2.7 确定各工序的切削用量及时间定额　　077
3.2.8 技术经济分析　　078
3.2.9 填写工艺文件　　078
3.3 工艺尺寸链　　079
3.3.1 尺寸链的概念　　079
3.3.2 尺寸链的组成　　080
3.3.3 尺寸链计算　　080
3.3.4 工艺尺寸链的应用　　082
练习题　　084

第4章
机床夹具原理与设计基础　　087

4.1 机床夹具的概述　　087
4.1.1 工件装夹的基本概念　　087
4.1.2 工件在机床上的装夹方法　　087
4.1.3 机床夹具的工作原理和作用　　088
4.1.4 夹具的组成与分类　　089
4.2 工件在夹具中的定位　　091
4.2.1 基准的概念　　091
4.2.2 六点定位原理及应用　　091
4.2.3 常见的定位方式与定位元件　　098
4.3 定位误差的分析与计算　　106
4.3.1 定位误差产生的原因及分类　　106
4.3.2 几种常见表面的定位误差计算　　108
4.3.3 定位误差计算举例　　112
4.4 工件在夹具中夹紧　　115
4.4.1 夹紧装置的组成及基本要求　　115
4.4.2 夹紧力的确定　　116
4.4.3 典型的夹紧机构　　120
练习题　　124

第 5 章
机械加工件的振动与控制　　127

5.1　机械加工精度及影响因素　127
　5.1.1　机械加工精度概述　127
　5.1.2　影响机械加工精度的因素　130
　5.1.3　提高机械加工精度的途径　144
5.2　加工误差的统计分析　145
　5.2.1　加工误差的分类　145
　5.2.2　加工误差统计分析的方法　146
　5.2.3　加工误差统计分析的计算举例　154
5.3　机械加工表面质量　157
　5.3.1　机械加工表面质量的概述　157
　5.3.2　影响机械加工表面质量的因素　159
5.4　机械加工过程中的振动　164
　5.4.1　强迫振动及其控制　165
　5.4.2　自激振动及其控制　166
　5.4.3　控制机械加工振动的途径　168
练习题　168

第 6 章
机械加工工艺规程制订实例　　170

6.1　零件的分析　170
　6.1.1　零件的作用　170
　6.1.2　零件的工艺分析　172
6.2　机械加工工艺规程制订　173
　6.2.1　计算生产纲领，确定生产类型　173
　6.2.2　确定毛坯的制造形式　173
　6.2.3　选择定位基准　174
　6.2.4　选择零件表面加工方法　174
　6.2.5　制订工艺路线　175
　6.2.6　确定机械加工余量及毛坯尺寸，设计毛坯图　176
　6.2.7　绘制拨叉铸件毛坯简图　177
　6.2.8　选择加工设备及工艺装备　178
6.3　确定切削用量及基本时间　184
　6.3.1　工序 05 切削用量及基本时间的确定　184
　6.3.2　工序 10 切削用量及基本时间的确定　191
6.4　专用机床夹具设计　195
　6.4.1　明确加工要求　195
　6.4.2　夹具的设计　196

参考文献　　203

第1章

金属切削基础

1.1 切削运动与切削用量

1.1.1 零件成形方法

（1）去除成形

去除成形是应用分离的办法，把一部分材料有序地从毛坯基体分离出去而成形的方法。车、铣、刨等切削加工方法，珩磨、研磨等磨粒加工方法，切割、激光打孔、电火花加工等方法，都是常见的去除成形方法。这一方法在机械加工中获得广泛应用。

（2）堆积成形

堆积成形是应用合并与连接的办法，把材料（气、液、固相）有序地堆积合并起来而成形的方法。焊接、快速成形等均属于该种方法。这一方法也在机械加工中获得应用。

（3）受迫成形

受迫成形是应用材料的可成形性（塑性、流动性等），在特定的外围约束（边界约束或外力约束）下而成形的方法。锻造、铸造、粉末冶金、冲压等都属于这种成形方法。这一方法在机械加工中主要用于毛坯的制造和特种材料的成形。

1.1.2 零件表面的形成

在机械加工过程中,每一种加工方法都是以完成零件表面的基本几何形状为基本目的的。工艺系统中的刀具和工件之间的运动方式、数量主要取决于被加工表面的形状及其成形方法,工件表面的成形理论是机械加工运动的理论基础。

运用金属切削刀具从工件表面上切除多余金属层,获得符合几何精度和力学性能要求的零件的过程是一个复杂的物理过程,称作金属切削过程。在这个过程中会产生变形、力、声、热等一系列复杂的物理现象。这些现象的物理实质就是切削过程的实质,这些现象的基本规律对保证切削过程的顺利进行、保证加工质量具有重要的意义,对加工过程中工艺参数的合理选择具有重要的指导作用。

通常机器是由部件与零件组成的,大部分机械零件采用切削加工方法制造。在切削加工过程中,装在机床上的刀具和工件按一定的规律做相对运动,通过刀具切削刃对工件毛坯的切削作用,把毛坯上多余的材料切掉,从而得到所要求的表面形状。

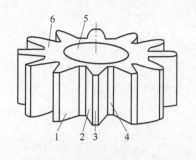

图 1.1 圆柱齿轮的表面

机械零件的表面一般是由为数不多且形状比较简单的表面组合而成。零件的切削加工归根到底是表面成形问题。组成零件的常见表面有内、外圆柱面、圆锥面、平面、球面及一些成形表面(如渐开线面、螺纹面和一些特殊的曲面等)。图 1.1 所示的圆柱齿轮是由渐开线表面 1 和 2、外圆柱面 3 和 4、内圆柱面 5 及平面 6 组成的。

从几何学的观点来看,表面是由一条线(母线)沿另一条线(导线)运动的轨迹所形成的,如图 1.2 所示。例如,平面是一条直线沿另一条直线移动的轨迹;圆柱面是一个圆沿直线移动的轨迹;齿轮渐开线表面则是渐开线沿直线移动或直线沿渐开线移动的轨迹。表面母线和导线若是可以互换的,为可逆表面;若是不能互换的,为不可逆表面,如螺纹面。形成表面的母线和导线统称为发生线。

在机床上,发生线是刀具的切削刃与工件相对运动得到的,常见零件表面成形方法如下。

(1)轨迹法

轨迹法是利用刀具沿一定规律的轨迹运动来对工件进行加工的方法。如图 1.3(a)所示,以普通刨削加工为例,刀具切削刃与被成形表面可看成点接触,切削点沿工件宽度方向的运动轨迹既形成母线(A_1),又沿曲线(A_2)移动加工出所需的表面。机床为用轨迹法形成所需的加工表面提供了轨迹运动。

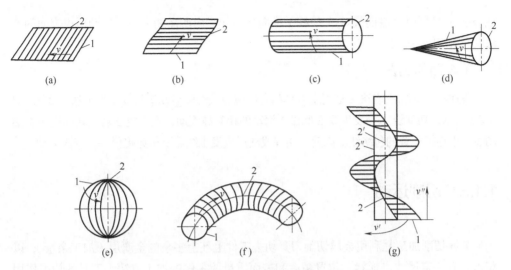

图 1.2 由母线相对导线移动形成的几种零件几何表面
1—母线；2—导线

（2）成形法

成形法是利用成形刀具对工件进行加工的方法。刀具切削刃本身形成了母线，即母线的形成不需机床提供运动，母线沿导线 A 移动，如图 1.3（b）所示。

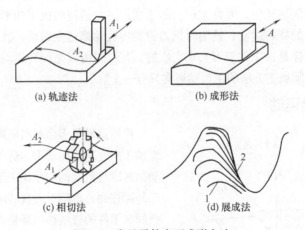

图 1.3 常见零件表面成形方法

（3）相切法

相切法是利用刀具边旋转边做轨迹运动来对工件进行加工的方法。如图 1.3（c）所示，刀具本身做旋转运动，旋转的切削刃与被成形表面可看作是点接触，当切削刃的旋转中心沿工件宽度方向移动时，切削点运动轨迹与被成形表面间的相切线就形成了母

线 A_1。刀具同时又沿曲线 A_2（导线）横向移动加工出所需的表面。这种形成表面的方法又称相切-轨迹法。

（4）展成法

展成法（又称范成法）是利用刀具和工件做展成切削运动进行加工的方法。如图 1.3（d）所示，切削线 1 与发生线 2 间做无滑动的相对纯滚动，发生线 2 就是切削线 1 在滚动过程中连续位置的包络线。因此，用展成法形成发生线需要机床提供一个展成运动。

1.1.3 切削运动

金属切削加工是利用金属切削刀具切去工件毛坯上多余的金属层（加工余量），以获得具有一定尺寸、形状、位置精度和表面质量的零件的加工方法。刀具的切削作用是通过刀具与工件之间的相互作用和相对运动来实现的。

刀具与工件间的相对运动称为切削运动，即表面成形运动。切削运动可分解为主运动和进给运动。

（1）主运动

主运动是使刀具和工件产生相对运动以进行切削的运动，是切下切屑所需的最基本的运动。在切削运动中，通常主运动的速度最高，消耗的机床功率最大。例如车削外圆柱面时工件的旋转运动、铣削时铣刀的旋转运动都是主运动。其他切削加工方法中的主运动也同样是由工件或刀具来完成的，其形式可以是旋转运动，也可以是直线运动，但每种切削加工方法的主运动通常只有一个。

（2）进给运动

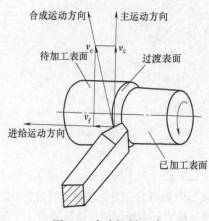

图 1.4 合成切削运动

进给运动是多余材料不断被投入切削，从而加工出完整表面所需的运动。通常，进给运动的速度与消耗的功率比主运动的小。例如加工外圆柱面，车削时刀具的纵向或横向运动、铣削时工件的直线移动都是进给运动。其他切削加工方法中进给运动也是由工件或刀具来完成。进给运动可以是间歇的，也可以是连续的，而且进给运动可以有一个或多个。

（3）合成切削运动

主运动 v_c 和进给运动 v_f 可以由刀具或工件分别完成，也可由刀具单独完成。主运动和进给运动可以同时进行（如车削、铣削等），也可交替进行（如刨削等）。当主运动与进给运动同时进行时，刀具切削刃上某一点相对工件的运动称为合成切削运动。合成速度矢量等于主运动速度矢量与进给运动速度矢量的和。

一般，切削运动及其方向用合成切削运动的速度矢量来表示。主运动切削速度用 v_c 表示，进给运动速度用 v_f 表示，主运动与进给运动合成后的运动（合成切削运动）速度用 v_e 表示，如图 1.4 所示。切削工件外圆时，合成切削运动速度 v_e 的大小和方向由式（1-1）确定。

$$v_e = v_c + v_f \tag{1-1}$$

（4）辅助运动

机床上还有一些在切削加工过程中必须存在的其他运动，统称为机床的辅助运动，例如车床上的快进、快退运动和插齿机上的让刀运动等。机床的转位、分度、换向以及机床夹具的夹紧与松开等操纵运动也属于辅助运动。

1.1.4 切削参数

（1）切削表面

在切削过程中，工件上通常存在三个不断变化的表面——已加工表面、待加工表面、加工表面，如图 1.4 所示。

① 已加工表面：工件上已切去切屑的表面。

② 待加工表面：工件上即将被切去切屑的表面。

③ 加工表面（也称切削表面、过渡表面）：工件上正在被切削的表面，它是待加工表面和已加工表面之间的过渡部位。

（2）切削要素

切削要素包括切削用量和切削层几何参数两部分。

1）切削用量

切削用量是切削时各运动参数的总称，包括切削速度、进给量和背吃刀量（切削深度）三要素，它们是调整机床运动的依据。

① 切削速度 v_c。单位时间内，工件或刀具沿主运动方向的相对位移，单位为 m/s。若主运动为旋转运动，则切削速度大小的计算公式为：

$$v_c = \frac{\pi d_w n}{1000} \tag{1-2}$$

式中 d_w——工件待加工表面或刀具的最大直径，mm；

n——工件或刀具的转速，r/s 或 r/min。

若主运动为往复直线运动（如刨削），则常将其平均速度作为切削速度 v_c（m/s），大小为

$$v_c = \frac{2Ln_r}{1000} \qquad (1-3)$$

式中　L——往复直线运动的行程长度，mm；

$\quad\quad n_r$——主运动每分钟的往复次数，次/min。

② 进给量 f　在主运动每转一转或每一行程时（或单位时间内），刀具与工件之间沿进给运动方向的相对位移，单位是 mm/r（用于车削、镗削等）或 mm/行程（用于刨削、磨削等）。进给运动速度大小还可以用进给量 f（单位是 mm/r）或每齿进给量 f_z（用于铣刀、铰刀等多刃刀具，单位是 mm/z）表示。一般

$$v_f = nf = nzf_z \qquad (1-4)$$

式中　n——主运动的转速，r/s；

$\quad\quad z$——刀具齿数。

③ 背吃刀量（切削深度）a_p　待加工表面与已加工表面之间的垂直距离，单位是 mm。车削外圆时为

$$a_p = \frac{d_w - d_m}{2} \qquad (1-5)$$

式中　d_w——待加工表面的直径，mm；

$\quad\quad d_m$——已加工表面的直径，mm。

切削用量的选择对生产率、加工成本和加工质量均有重要影响，合理选择切削用量尤其重要。合理的切削用量是指在充分利用刀具的切削性能和机床性能、保证加工质量的前提下，能取得较高的生产率和较低成本的切削速度、进给量和背吃刀量。

2）切削层几何参数

切削层是指工件上正被切削刃切削的一层金属，亦即相邻两个加工表面之间的一层金属。以车削外圆为例，如图 1.5 所示，切削层是指工件每转一转，刀具从工件上切下的那一层金属。切削层的大小反映了切削刃所受载荷的大小，直接影响加工质量、生产率和刀具的磨损等。

① 切削宽度 a_w　沿主切削刃方向度量的切削层尺寸，单位是 mm。车外圆时

$$a_w = \frac{a_p}{\sin \kappa_r} \qquad (1-6)$$

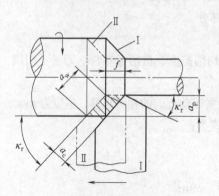

图 1.5　切削用量与切削层参数

式中　κ_r——切削刃和工件轴线之间的夹角。

② 切削厚度 a_c　两相邻加工表面间的垂直距离，单位是 mm。车外圆时

$$a_c = f\sin\kappa_r \qquad (1\text{-}7)$$

③ 切削面积 A_c　切削层垂直于切削速度截面内的面积，单位是 mm^2。车外圆时

$$A_c = a_w a_c = a_p f \qquad (1\text{-}8)$$

1.2　刀具结构及材料

1.2.1　刀具的结构

金属切削刀具切削部分的几何形状与参数有共性，即不论刀具构造如何复杂，它们的切削部分总是近似地以外圆车刀的切削部分为基本形态，如图 1.6 所示。

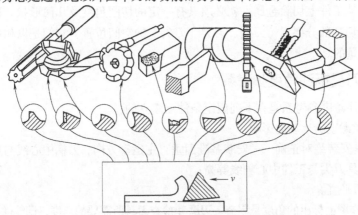

图 1.6　金属切削刀具切削部分的基本形态

国际标准化组织（ISO）在确定金属切削刀具工作部分几何形状的一般术语时，就是以车刀切削部分为基础的。刀具切削部分的构造要素（如图 1.7 所示）及其定义和说明如下。

① 前刀面　切屑沿其流出的刀具表面。
② 主后刀面　与工件上过渡表面相对的刀具表面。
③ 副后刀面　与工件上已加工表面相对的刀具表面。
④ 主切削刃　前刀面与主后刀面的交线，它承担主要切削工作，也称为主刀刃。
⑤ 副切削刃　前刀面与副后刀面的交线，它协同主切削刃完成切削工作，并最终形成已加工表面，也称为副刀刃。
⑥ 刀尖　连接主切削刃和副切削刃的一段刀刃，它可以是一段小的圆弧，也可以是一段直线。

为了强化刀尖,许多刀具都在刀尖处磨出直线或圆弧形过渡刃,如图1.8所示。

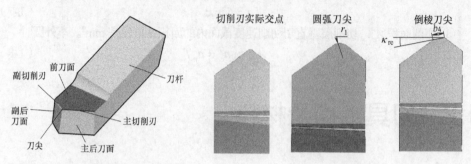

图1.7　刀具切削部分的构造要素　　　　图1.8　刀尖实际形状

1.2.2　刀具几何角度

刀具要从工件上切除金属,就必须具有一定的切削角度及几何形状。这些角度决定了刀具各切削部分要素(刀面、刀刃、刀尖)的空间位置,它们是以相应的参考平面为基础测量的。

(1)刀具标注角度参考系

刀具标注角度参考系是在下列假定条件下建立的:
① 不考虑进给运动的影响;
② 刀具安装绝对正确——安装基准面垂直主运动方向,刀柄中心线与进给运动方向垂直,刀具刀尖与工件中心轴线等高;
③ 刀刃平直。

刀具工作图上标出的角度是制造、刃磨和检查刀具所需要的角度,即能够表示刀具切削部分几何形体的必要角度,以此作为制造、刃磨或检测刀具的几何形体。需要注意的是,刀具标注角度的参考平面是不考虑进给运动而定义的,而刀具的工作角度(刀具在工作状态下的角度)是考虑进给运动和实际装刀状态定义的刀具几何角度。

组成刀具标注角度参考系(如图1.9所示)的各参考平面定义如下:
① 基面 p_r　通过主切削刃上某一指定点,并与该点切削速度方向相垂直的平面。对于普通车刀,当切削刃上被选点与工件中心线等高时,它的基面总是平行于刀杆的底面。
② 切削平面 p_s　通过主切削刃上某一指定点,与主切削刃相切并垂直于该点基面的平面。
③ 正交平面 p_o　通过主切削刃上某一指定点,同时垂直于该点基面和切削平面的平面。

根据定义,上述三个参考平面是互相垂直的,由它们组成的刀具标注角度参考系称为正交平面参考系,如图1.9所示。

（2）刀具标注角度

在刀具的标注角度参考系中确定的切削刃与刀面的方位角度，称为刀具标注角度。注意：由于刀具角度的参考系沿切削刃各点可能是变化的，故所定义的刀具角度应指明是切削刃选定点处的角度；凡未特殊注明者，则指切削刃上与刀尖毗邻的那一点的角度。

标注角度应标注在刀具的设计图中，如图 1.10 所示，用于刀具制造、刃磨和测量。在正交平面参考系中，刀具的主要标注角度有五个。

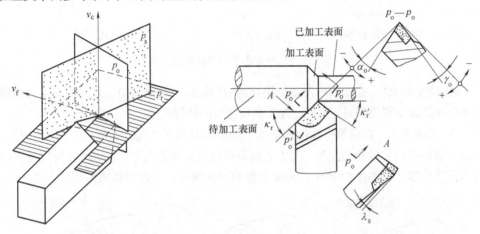

图 1.9　正交平面参考系　　　　图 1.10　刀具主要标注角度

① 前角 γ_o。　在正交平面内测量的前刀面和基面间的夹角。前刀面在基面之下时前角为正值[图 1.11（a）]，前刀面与基面共面时前角为零[图 1.11（b）]前刀面在基面之上时前角为负值。前角的作用是使切削刃锋利、切削省力、便于排屑。

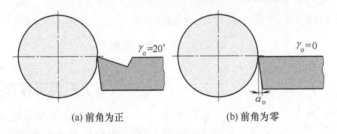

(a) 前角为正　　　　　(b) 前角为零

图 1.11　前角示意图

② 后角 α_o。　在正交平面内测量的主后刀面与切削平面的夹角，一般为正值。后角的作用是改变车刀主后刀面与工件间的摩擦状况。

③ 主偏角 κ_r。　在基面内测量的主切削刃的投影与进给运动方向的夹角。三种常用车刀主偏角的形式如图 1.12 所示。主偏角的作用是改变主切削刃与刀头的受力和散热情况。

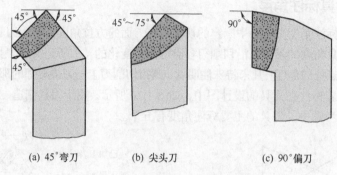

图1.12 三种常用车刀主偏角的形式

④ 副偏角 κ_r' 在基面内测量的副切削刃的投影与进给运动反方向的夹角。副偏角的作用是改变副切削刃与工件已加工表面之间的摩擦状况。

⑤ 刃倾角 λ_s 在切削平面内测量的主切削刃与基面之间的夹角。在主切削刃上，刀尖为最高点时刃倾角为正值，刀尖为最低点时刃倾角为负值，主切削刃与基面平行时刃倾角为零，如图1.13所示。刃倾角影响刀尖强度，并控制切屑的流出方向。

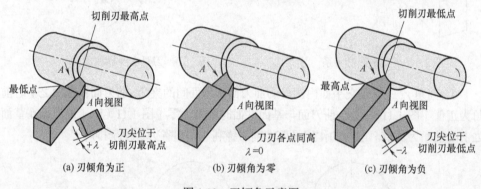

图1.13 刃倾角示意图

（3）刀具工作角度

如果考虑合成运动和实际安装情况，刀具的参考系将发生变化。按照切削工作的实际情况，在刀具工作角度参考系中所确定的角度，称为工作角度。

1）进给运动对工作角度的影响

① 横向进给运动的影响 以切断车刀为例，如图1.14所示，在不考虑进给运动时，车刀主切削刃选定点相对于工件的运动轨迹为一圆周，切削平面 p_s

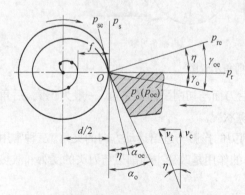

图1.14 横向进给运动对工作角度的影响

为通过切削刃上该点且切于圆周的平面,基面 p_r 为平行于刀杆底面同时垂直于 p_s 的平面, γ_o、α_o 为标注前角和后角。

当考虑横向进给运动之后,切削刃选定点相对于工件的运动轨迹为一平面阿基米德螺旋线,切削平面 p_s 变为通过切削刃且切于螺旋面的平面 p_{se},基面也相应倾斜为 p_{re},角度变化值为 η,工作主剖面 p_{oe} 仍为平面 p_o。此时在工作参考系(p_{re}、p_{se}、p_{oe})内的工作角度 γ_{oe}、α_{oe} 为:

$$\begin{aligned}\gamma_{oe} &= \gamma_o + \eta \\ \alpha_{oe} &= \alpha_o - \eta \\ \tan\eta &= f/(\pi d)\end{aligned} \tag{1-9}$$

当进给量 f 一定时,随 d 值的减小 η 值增大,接近中心 α_{oe} 为负值。

② 纵向进给车削 由于工作中基面和切削平面发生了变化,形成了一个合成切削速度角 η_f,引起了工作角度的变化。图 1.15 中,假定车刀 $\lambda_s=0$,在不考虑进给运动时,切削平面 p_s 垂直于刀杆底面,基面 p_r 平行于刀杆底面,标注角度为 γ_o、α_o;考虑进给运动后,工作切削平面 p_{se} 为切于螺旋面的平面,刀具工作角度的参考系(p_{se}、p_{re})倾斜了一个角 η_f,则工作进给面(仍为原进给剖面)内的工作角度为:

$$\begin{aligned}\gamma_{fe} &= \gamma_f + \eta_f \\ \alpha_{fe} &= \alpha_f - \eta_f \\ \tan\eta_f &= \frac{f}{\pi d_w}\end{aligned} \tag{1-10}$$

式中 f——进给量;

d_w——切削刃选定点在 A 点时的工件待加工表面直径。

上述角度变化可以换算至主剖面内:

$$\begin{aligned}\tan\eta &= \tan\eta_f \sin\kappa_r \\ \gamma_{oe} &= \gamma_o + \eta \\ \alpha_{oe} &= \alpha_o - \eta\end{aligned} \tag{1-11}$$

由式(1-11)可知,η 不仅与进给量 f 有关,也同工件直径 d_w 有关,d_w 越小,角度变化越大。实际上,一般外圆车削的 η 值不超过 $30' \sim 40'$,因此可以忽略不计。但在车螺纹,尤其是车多头螺纹时,η 的数值很大,必须进行工作角度计算。

2)刀具安装位置对工作角度的影响

① 刀具安装高低对工作角度的影响如图 1.16 所示,当刀尖安装得高于工件中心线时,工作切削平面将变为 p_{se},工作基面变为 p_{re},工作角度也发生了变化。

假定车刀 $\lambda_s=0$,刀尖高于工件中心,则

$$\begin{aligned}\gamma_{oe} &= \gamma_o + \theta \\ \alpha_{oe} &= \alpha_o - \theta \\ \tan\theta &= \frac{h}{\sqrt{(d/2)^2 - h^2}}\end{aligned} \tag{1-12}$$

式中　h——刀尖高于工件中心线的数值，mm；
　　　d——工件直径，mm。

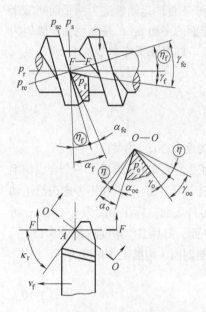

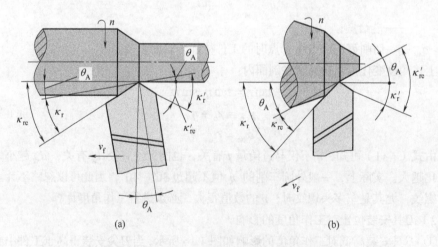

图 1.15　纵向进给运动对工作角度的影响　　图 1.16　刀具安装高低对工作角度的影响

图 1.17　刀杆中心线不垂直于进给方向时主偏角 κ_r 和副偏角 κ_r' 的变化

当刀尖低于工件中心线时，角度变化与上述相反。

$$\begin{aligned} \gamma_{oe} &= \gamma_o - \theta \\ \alpha_{oe} &= \alpha_o + \theta \\ \tan\theta &= \frac{h}{\sqrt{(d/2)^2 - h^2}} \end{aligned} \qquad (1\text{-}13)$$

综上可归纳出刀具安装位置引起工作角度变化公式为：

$$\gamma_{oe} = \gamma_o \pm \theta \quad \alpha_{oe} = \alpha_o \mp \theta \tag{1-14}$$

② 刀杆中心线与进给方向不垂直时对工作角度的影响　如图1.17所示，车刀刀杆与进给方向不垂直时，工作主偏角和工作副偏角将发生变化：

$$\begin{cases}\kappa_{re}=\kappa_r+\theta_A\\ \kappa'_{re}=\kappa'_r-\theta_A\end{cases} \quad 或 \quad \begin{cases}\kappa_{re}=\kappa_r-\theta_A\\ \kappa'_{re}=\kappa'_r+\theta_A\end{cases} \tag{1-15}$$

式中　θ_A——假定进给剖面与工作进给剖面之间的夹角，在基面内测量，即进给运动方向的垂线和刀杆中心线间的夹角。

1.2.3　常用刀具材料

在切削过程中，刀具直接切除工件上的余量并形成已加工表面，刀具性能的好坏取决于刀具切削部分的材料、几何参数以及结构的合理性等。刀具材料对金属切削的生产率、成本、质量有很大的影响，因此要重视刀具材料的正确选择与合理使用。

（1）刀具材料应具备的性能

① 较高的硬度和耐磨性　刀具材料必须具有高于工件材料的硬度，否则无法切入工件。常温硬度要在60HRC以上。

② 足够的强度和韧性　刀具材料要能够承受冲击和振动，且不产生崩刃和断裂。

③ 较高的耐热性和耐磨性　刀具材料在高温作用下应具有足够的硬度、耐磨性、强度和韧性。

④ 良好的导热性和耐热冲击性　刀具材料要有利于散热，且应在热冲击下不产生裂纹。

⑤ 良好的工艺性和经济性　刀具材料要有良好的锻造性能、热处理性能、刃磨性能、焊接性能等，便于加工制造且加工成本低廉。

（2）常用刀具材料

在切削加工中常用的刀具材料有碳素工具钢、合金工具钢、高速钢、硬质合金等。

① 碳素工具钢与合金工具钢　碳素工具钢是含碳量最高的优质钢（碳的质量分数为0.7%~1.2%），如T10A。碳素工具钢淬火后具有较高的硬度且价格低廉，但这种材料的耐热性较差，当温度达到200℃时，即失去它原有的硬度，并且淬火时容易产生变形和裂纹。合金工具钢是在碳素工具钢中加入少量的Cr、W、Mn、Si等合金元素形成的刀具材料（如9SiCr）。由于加入了合金元素，与碳素工具钢相比，其热处理变形有所减小，耐热性有所提高。这两种刀具材料因耐热性都比较差，所以常用于制造手工工具和一些形状较简单的低速刀具，如锉刀、锯条、铰刀等。

② 高速钢　高速钢又称为锋钢或风钢，它是含有较多 W、Cr、V 合金元素的高合金工具钢，如 W18Cr4V。与碳素工具钢和合金工具钢相比，高速钢具有较高的耐热性，温度达 600℃时，仍能正常切削，其许用切削速度为 30~50m/min，是碳素工具钢的 5~6 倍，而且它的强度、韧性和工艺性都较好，可广泛用于制造中速切削及形状复杂的刀具，如麻花钻、铣刀、拉刀、各种齿轮加工工具。

为了提高高速钢的硬度和耐磨性，常采用如下措施来提高其性能：在高速钢中增添新的元素，如我国制成的铝高速钢，增添了铝元素，使其硬度达 70HRC，耐热性超过 600℃，被称为高性能高速钢或超高速钢；用粉末冶金法制造的高速钢称为粉末冶金高速钢，它可消除碳化物的偏析并细化晶粒，提高了材料的韧性、硬度，并减小了热处理变形，适用于制造各种高精度刀具。

③ 硬质合金　它是以高硬度、高熔点的金属碳化物（WC，TiC）为基体，以金属 Co、Ni 等为胶黏剂，用粉末冶金方法制成的一种合金。其硬度为 74~82HRC，能耐 800~1000℃的高温，因此耐磨、耐热性好，许用切削速度是高速钢的 6 倍，但强度和韧性比高速钢低，工艺性差，因此硬质合金常用于制造形状简单的高速切削刀片，经焊接或机械夹固在车刀、刨刀、面铣刀、钻头等刀体（刀杆）上使用。

为了克服常用硬质合金强度低、韧性低、脆性大、易崩刃的缺点，常采用如下措施改善其性能：调整化学成分，使硬质合金既有高的硬度又有良好的韧性；细化合金的晶粒，提高硬度与抗弯强度。

（3）新型刀具材料

① 陶瓷　陶瓷是以氧化铝（Al_2O_3）或氮化硅（Si_3N_4）等为主要成分，经压制成形后烧结而成的刀具材料。陶瓷的硬度高、化学稳定性高、耐氧化，所以被广泛用于高速切削加工中。但由于其强度低、韧性差，长期以来主要用于精加工。

陶瓷刀具与传统硬质合金刀具相比，具有以下优点：可加工硬度高达 65HRC 的高硬度难加工材料；可进行拉荒、粗车及铣、刨等大冲击间断切削；刀具寿命可提高几倍至几十倍；切削效率提高 3~10 倍，可实现以车、铣代磨。

② 金刚石　金刚石是碳的同素异构体，是自然界已经发现的最硬材料，显微硬度达到 10000HV。一般有两种——天然金刚石和人造金刚石。前者性质较脆，容易沿晶体的解理面破裂，导致大块崩刃，并且价格昂贵，因此往往被人造聚晶金刚石代替。人造聚晶金刚石（Polycrystalline Diamond，PCD）是以石墨为原料，通过合金触媒的作用，在高温高压下烧结而成。

人造聚晶金刚石特点：

a. 硬度和耐磨性极高，在加工高硬度材料时，寿命是硬质合金刀具的 10~100 倍，甚至高达几百倍；

b. 摩擦系数低，与一些有色金属之间的摩擦系数约为硬质合金刀具的一半；

c. 切削刃非常锋利，可用于超薄切削和超精密加工；
d. 导热性能好，金刚石热导率为硬质合金的 1.5~9 倍；
e. 热胀系数低，金刚石热胀系数比硬质合金小，约为高速钢的 1/10。

但人造金刚石的热稳定性差，使用温度不得超过 700~800℃，特别是它与铁元素的化学亲和力很强，因此不宜用来加工钢铁件，多用于有色金属及其合金和一些非金属材料的加工，是目前超精密切削加工中最主要的刀具材料。

③ 立方氮化硼　立方氮化硼（Cubic Boron Nitride，CBN）是由六方氮化硼和触媒在高温高压下合成的，是继人造金刚石问世后出现的又一种新型高新技术材料。具有很高的硬度、热稳定性和化学惰性，以及良好的透红外性和较宽的禁带宽度等优异性能，它的硬度仅次于金刚石，但热稳定性远高于金刚石，可承受 1200℃ 以上的切削温度，对铁系金属元素有较高的化学稳定性，在高温（1200~1300℃）下不会发生化学反应。立方氮化硼磨具的磨削性能十分优异，不仅能胜任难磨材料的加工，提高生产率，还能有效地提高工件的磨削质量。

CBN 具有优于其他刀具材料的特性，因此人们一开始就试图将其应用于切削加工，但单晶 CBN 的颗粒较小，很难制成刀具，且 CBN 烧结性很差，难以制成较大的 CBN 烧结体，直到 20 世纪 70 年代，苏联、中国、美国、英国等国家才相继成功研制作为切削刀具的 CBN 烧结体——聚晶立方氮化硼（Polycrystalline Cubic Boron Nitride，PCBN）。从此，PCBN 以优越的切削性能应用于切削加工的各个领域，尤其在高硬度材料、难加工材料的切削加工中更是独树一帜。

目前应用广泛的是有胶黏剂的 PCBN 刀具复合片，根据添加的胶黏剂比例不同，其硬质特性也不同，胶黏剂含量越高，硬度就越低，韧性就会越好。

1.2.4　刀具磨损

切削金属时，刀具一方面切下切屑，另一方面其本身也发生损坏。刀具损坏的形式主要有磨损和破损两类。刀具磨损是连续的逐渐磨损，是指刀具在正常切削加工过程中，由于物理的或化学的作用，使刀具原有的几何角度逐渐丧失的现象。刀具破损包括脆性破损（如崩刃、碎断、剥落、裂纹破损等）和塑性破损两种。刀具磨损后，会使工件加工精度降低，表面粗糙度增大，并导致切削力加大、切削温度升高，甚至产生振动，不能继续正常切削。因此，刀具磨损直接影响加工效率、质量和成本。

（1）刀具磨损形态

刀具磨损有三种形态——前刀面磨损、后刀面磨损、边界磨损，如图 1.18 所示。

① 前刀面磨损　切削塑性材料时，如果切削速度和切削厚度较大，切屑与前刀面完全是新鲜表面相互接触和摩擦，化学活性很高，反应很强烈，接触面又有很高的压力和

温度，接触面积中有 80% 以上是实际接触，空气或切削液渗入比较困难，在前刀面上形成月牙洼磨损。前刀面磨损使刀刃强度降低，易导致刀刃破损。月牙洼离切削刃有一定距离，其长度取决于切削宽度，宽度取决于切削厚度。随着切削的进行，月牙洼长度基本不变，宽度和深度逐渐增加。常用月牙洼的深度 K_T、宽度 K_B 表示磨损程度。

② 后刀面磨损　切削过程中，后刀面与工件表面之间存在着挤压和摩擦，使其产生磨损。后刀面虽然有后角，但由于切削刃并非理想的锋利，而是有一定的钝圆，后刀面与工件表面的接触压力很大，存在着弹性和塑性变形，因此，后刀面与工件实际上是小面积接触，磨损就发生在这个接触面上。切削铸铁和以较小的切削厚度切削塑性材料时，主要发生这种磨损。后刀面磨损带往往不均匀。后刀面磨损不均匀性如图 1.19 所示，一般将其磨损区域划分为三个区域。

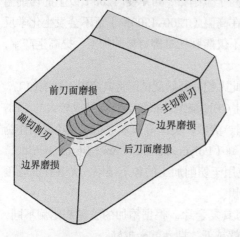

图 1.18　刀具磨损的形态

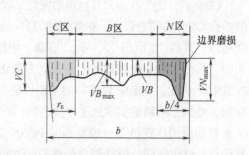

图 1.19　刀具磨损的测量位置

a. 刀尖磨损区（C 区）　在刀尖附近，因其强度低，热量集中，温度高所致。磨损量用 VC 表示。

b. 中间磨损区（B 区）　在切削刃的中间位置，存在着均匀磨损量 VB，局部出现最大磨损量 VB_{max}。

c. 边界磨损区（N 区）　在切削刃与待加工表面相交处，因表面硬化层作用造成最大磨损量 VN_{max}。

③ 边界磨损　边界磨损实际上属于后刀面磨损的边界部分，处于主、副切削刃与工件待加工或已加工表面接触的地方。切削钢料时，常在主切削刃靠近工件外表皮处以及副切削刃靠近刀尖处的后刀面上磨出较深的沟纹。

（2）刀具磨损原因

1）硬质点磨损

由于工件材料中存在硬质点对刀具表面摩擦和刻划，致使刀面产生的磨损。硬质点的类型有氧化物、碳化物、氮化物、铸件、锻件表面上的夹杂物、积屑瘤残片等。

各种刀具都会产生硬质点磨损，但高速钢及工具钢刀具的硬质点磨损比较显著；硬质合金刀具硬度高，发生这种磨损较少。硬质点磨损（磨料磨损）在各种切削速度下都存在，但它是低速刀具（如拉刀、板牙等）磨损的主要原因，因为此时切削温度较低，其他形式的磨损还不显著。一般可以认为磨料磨损量与切削行程成正比。

2）黏结磨损

又称冷焊磨损，是由切屑在前刀面上的黏结在滑动过程中产生剪切破坏，带走刀具材料或使切削刃和前刀面小块剥落所致。切削时，切屑、工件与前、后刀面之间存在着很大的压力和强烈的摩擦，形成新鲜表面接触而发生冷焊黏结。由于摩擦面之间的相对运动，冷焊黏结破裂被一方带走，从而造成冷焊磨损。一般说来，工件材料或切屑的硬度低，冷焊黏结的破裂往往发生在工件或切屑这一方。但由于交变应力、热应力以及刀具表层结构缺陷等，冷焊黏结的破裂也可能发生在刀具这一方，刀具表面上的微粒逐渐被切屑或工件黏走，从而造成刀具的黏结磨损。

高速钢、硬质合金、陶瓷、立方氮化硼和金刚石刀具都有可能因黏结而发生磨损。硬质合金刀具虽有较高的硬度，但在中等偏低的切削速度下切削塑性金属时，黏结磨损比较严重。高速钢刀具有较高的抗剪和抗拉强度，抗黏结磨损能力强，黏结磨损较慢。

产生黏结的原因有：

a. 冷焊　是指刀具与工件材料接触达到原子间距离时所产生的黏结现象。

b. 亲和　同种化学元素的亲和作用：在一定温度范围内刀具材料和工件材料之间的亲和作用，如高温时硬质合金刀具切削奥氏体不锈钢，钛元素之间相互亲和等，它是一种物理-化学性质的磨损。

黏结磨损的程度与温度、压力和材料之间的亲和力有关。

3）扩散磨损

在高温下，工件与刀具材料中合金元素相互扩散、置换造成的磨损。

扩散磨损原因：①由于切削温度很高，刀具与工件被切出的新鲜表面接触，两者化学元素由于活性很大而有可能互相扩散，使化学成分发生变化，削弱刀具材料的性能；②刀具材料和切削材料原子之间的互相扩散，造成刀具材料的强度和硬度下降，加剧了刀具的磨损。

扩散磨损属于材料化学性质的变化，影响刀具材料的化学稳定性。钨钴类硬质合金刀具在800~900℃时，钨原子、碳原子向切屑中扩散，切屑中的铁原子、碳原子向刀具中扩散，降低了刀具的黏结强度和耐磨性而形成扩散磨损；碳化钛类硬质合金刀具，其中钨的扩散速度快，钛、钽扩散慢，钨元素扩散后，刀具材料中还含有碳化钛、碳化钽等，因而这种刀具较耐磨。它的扩散温度为900~1000℃。

4）化学磨损

在一定温度下，刀具材料与某些周围介质（如空气中的氧、切削液中的极压添加剂硫、氯等）发生化学作用，在刀具表面形成一层硬度较低的化合物，如四氧化三钴、一氧化钴、三氧化钨和二氧化钛等，被切屑或工件擦掉而形成磨损，即化学磨损。

一般，空气不易进入刀-屑接触区，化学磨损中因氧化而引起的磨损最容易在主、副切削刃的工作边界处形成，在切削时工件表层中的氧化皮、冷硬层及其硬杂质对氧化膜产生连续摩擦作用，使待加工表面处的刀面上产生较深的磨损沟纹——也就是我们所说的边界磨损。

化学磨损的程度取决于刀具材料中元素的化学稳定性以及切削温度的高低。

（3）刀具磨损过程

在正常切削条件下，随着切削时间的延长，刀具磨损增加。根据切削实验，可得刀具正常磨损过程的典型磨损曲线，如图1.20所示。图中分别以切削时间和后刀面磨损量 VB（或前刀面月牙洼磨损深度 KT）为横坐标与纵坐标。

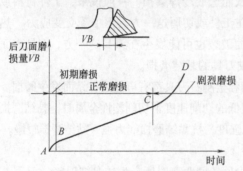

图1.20 刀具正常磨损过程的典型磨损曲线

1）初期磨损阶段

刀具开始切削时，将刀面上凹凸不平的刃磨痕迹很快磨去。因为新刃磨刀具切削刃较锋利，其后刀面与加工表面接触面积很小，压应力较大，加之新刃磨刀具的后刀面存在微观不平等缺陷，所以这一阶段的磨损很快。一般初期磨损量 VB=0.05~0.10mm，其大小与刀面刃磨质量有很大关系。经仔细研磨过的刀具，其初期磨损量较小。

2）正常磨损阶段

经初期磨损后，后刀面被磨出一条狭窄的棱面，压应力减小，磨损量均匀而缓慢地增加，经历的切削时间较长，刀具进入正常磨损阶段。这是刀具工作的有效阶段。

3）急剧磨损阶段

刀具经过正常磨损阶段后，切削刃变钝，切削力、切削温度迅速升高，磨损速度急剧增加，以致刀具损坏而失去切削能力。生产中为合理使用刀具，保证加工质量，应当避免达到这个磨损阶段。

实际生产中，主要是根据切削中发生的一些现象来判断刀具是否已经磨钝，如粗加工时，观察加工表面是否出现亮带、切屑的颜色和形状的变化，以及是否出现不正常的声音和振动现象等；精加工时可观察加工表面粗糙度变化，以及测量加工零件形状和尺寸的精度等。由于后刀面磨损是常见的，且易于控制和测量，因此ISO标准规定以 $0.5\,a_p$ 处的 VB 值作为刀具的磨钝标准。

(4) 刀具寿命

1) 刀具使用寿命（耐用度）T

刀具使用寿命（耐用度）是刀具刃磨后开始切削到磨损量达到磨钝标准为止的切削时间。刀具总使用寿命是刀具从开始使用到报废为止的总切削时间。

$$\text{刀具总使用寿命}=\text{刀具使用寿命（耐用度）}\times \text{刃磨次数}$$

2) 刀具使用寿命（耐用度）的经验公式

刀具使用寿命（耐用度）的公式由实验方法求得。

刀具耐用度实验的目的是确定在一定加工条件下达到磨钝标准所需的切削时间或研究一个或多个因素对使用寿命（耐用度）的影响规律。

切削速度 v_c 是影响刀具使用寿命（耐用度）T 的重要因素。切削速度 v_c 是通过切削温度影响刀具使用寿命 T 的。先选定刀具后刀面的磨钝标准，然后固定其他切削条件，在常用切削速度范围内，取不同的切削速度值，进行刀具磨损实验，得出各种速度下的刀具磨损曲线。实验先确定不同切削速度的刀具磨损过程曲线，如图 1.21 所示。曲线中磨损量 VB 可利用读数显微镜测得。然后在磨损曲线上取出达到磨钝标准时的各速度 v_c 与耐用度 T，并表示在双对数坐标中，可得如图 1.22 所示的刀具耐用度曲线，进而拟合得到公式（1-16）。

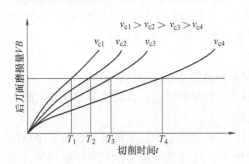

图 1.21 刀具磨损曲线

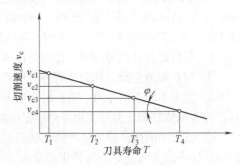

图 1.22 在双对数坐标上的 v_c-T 曲线

$$\lg v_c = -m\lg T + \lg A \Rightarrow v_c T^m = A \tag{1-16}$$

式中，m 是直线的斜率，表示 v_c 对 T 的影响程度。硬质合金，$m=0.1\sim0.4$；高速钢，$m=0.1\sim0.125$，陶瓷刀具，$m=0.2\sim0.4$。m 越小，则 v_c 对 T 的影响越大。系数 A 与刀具、工件材料和切削条件有关。

根据上述经验公式的得出方法，可得到通用公式（1-17）~式（1-19）。

切削速度与刀具使用寿命（耐用度）关系：

$$v_c T^m = C_0 \tag{1-17}$$

进给量与刀具使用寿命关系：

$$f T^n = C_1 \tag{1-18}$$

背吃刀量与刀具使用寿命关系：
$$a_p T^p = C_2 \quad (1\text{-}19)$$

综合可得到切削用量 C_T 与刀具使用寿命（耐用度）T 的关系式：
$$T = \frac{C_T}{v_c^{1/m} f^{1/n} a_p^{1/p}} \quad (1\text{-}20)$$

令 $x=1/m$，$y=1/n$，$z=1/p$，则
$$T = \frac{C_T}{v_c^x f^y a_p^z} \quad (1\text{-}21)$$

用 YT5 车削 $\sigma_b = 0.75\text{GPa}$ 碳钢时，
$$T = \frac{C_T}{v_c^5 f^{2.25} a_p^{0.75}} \quad (1\text{-}22)$$

由式（1-21）看出，切削用量增大时，刀具寿命 T 减少，其中速度 v_c 对刀具寿命 T 影响最大，进给量 f 次之，背吃刀量 a_p 影响最小，与对切削温度的影响一致。

3）确定刀具使用寿命（耐用度）的原则

按单件时间最少的原则确定的叫最高生产率刀具使用寿命；按单件工艺成本最低的原则确定的叫最小成本刀具使用寿命。一般情况下，应采用最小成本刀具使用寿命。在生产任务紧迫或生产中出现节拍不平衡时，可选用最高生产率刀具使用寿命。

4）制订刀具使用寿命时，还应具体考虑

① 刀具构造复杂、制造和磨刀费用高时，刀具使用寿命应定得高些。

② 多刀车床上的车刀，组合机床上的钻头、丝锥和铣刀，自动机及自动线上的刀具，因为调整复杂，刀具使用寿命应定得高些。

③ 某工序的生产成为生产线上的瓶颈时，刀具使用寿命应定得低些；某工序单位时间的生产成本较高时刀具使用寿命应定得低些，这样可以选用较大的切削用量，缩短加工时间。

④ 精加工大型工件时，刀具寿命应定得高些，至少保证在一次走刀中不换刀。

（5）刀具的破损

在切削加工中，刀具有时没有经过正常磨损阶段，而在很短时间内突然损坏，这种情况称为刀具破损。破损也是刀具损坏的主要形式之一。由于破损是突发的，很容易在生产过程中造成较大的危害和经济损失。刀具破损分为脆性破损和塑性破损。

1）脆性破损

硬质合金刀具和陶瓷刀具切削时，经常发生崩刃、碎断、剥落、裂纹破损等脆性破损。

崩刃：切削刃产生小的缺口。在继续切削中，缺口会不断扩大，导致更大的破损。断续切削时常发生这种破损。

碎断：切削刃发生小块碎裂或大块断裂，不能继续进行切削。断续切削时常发生这种破损。

剥落：在刀具的前、后刀面上出现剥落碎片，经常与切削刃一起剥落，有时也在离切削刃一小段距离处剥落。陶瓷刀具端铣时常发生这种破损。

裂纹破损：长时间进行断续切削后，因疲劳而引起裂纹的一种破损。热冲击和机械冲击均会引发裂纹，裂纹不断扩展合并就会引起切削刃的碎裂或断裂。

2）塑性破损

在刀-屑、后刀面-工件接触面上，由于过高的温度和压力的作用，刀具表层材料将因发生塑性流动而丧失切削能力，这就是刀具的塑性破损。抗塑性破损能力取决于刀具材料的硬度和耐热性，高速钢耐热性较差，易发生塑性破损。

防止刀具破损可采取以下措施：

① 合理选择刀具材料：断续切削的刀具，应具有较好的韧性。

② 合理选择刀具几何参数：提高切削刃和刀尖的强度，在切削刃上磨出负倒棱防止崩刃。

③ 保证刀具的刃磨质量：切削刃应平直光滑，不得有缺口，刃口与刀尖不允许烧伤。

④ 合理选择切削用量：防止切削力过大和切削温度过高。

⑤ 工艺系统应有较好的刚性：防止因为振动而损坏刀具。

1.3 切削变形及切屑

1.3.1 金属切削变形

切削过程中的各种物理现象，都是以切屑形成过程为基础的。了解切屑形成过程，对理解切削规律及其本质非常重要。现以塑性金属材料为例，说明切屑的形成及切削过程中的变形情况。

在切削过程中，被切金属层在前刀面的推力作用下产生剪应力，当剪应力达到并超过工件材料的屈服极限时，被切金属层将沿着某一方向产生剪切滑移变形而逐渐累积在前刀面上，随着切削运动的进行，这层累积物将连续不断地沿前刀面流出，从而形成了被切除的切屑。简单来说，切屑形成的本质是：切削层金属在刀具前刀面的推

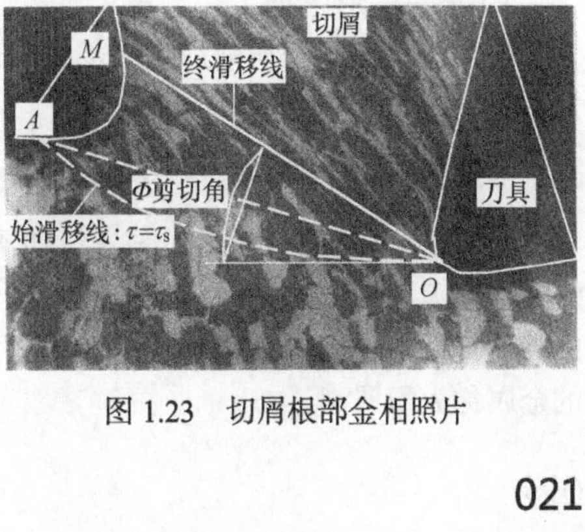

图 1.23 切屑根部金相照片

挤作用下发生了剪切滑移和剪切破坏，从而变成了切屑。切屑的形成过程，就是切削层金属的变形过程。图1.23为切屑根部金相照片。

（1）变形区的划分

切削层金属的变形可划分为三个区域，如图1.24所示。

1）第一变形区 I

OA 线和 OM 线之间的区域，主要发生塑性变形，即晶粒的剪切滑移。OA 线开始金属发生剪切变形，到 OM 线金属晶粒的剪切滑移基本结束，AOM 区域称为第一变形区（或剪切区），是切削变形的基本区，其主要特点就是晶粒沿滑移线的剪切滑移变形并随之产生加工硬化。

如图1.25所示，当被切削层金属中某点 P 向切削刃逼近到达点1时，其切应力达到材料的屈服强度，点1在向前移动的同时也沿 OA 滑移，其合成运动使点1流动到点2，滑移量为2-2'。随着滑移的产生，切应力将逐渐增大直到点4位置，此时其流动方向与前刀面平行，不再沿 OM 线滑移。所以 OM 为终滑移线，OA 为始滑移线。

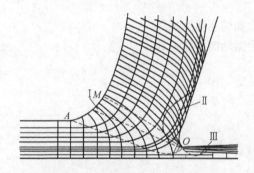

图1.24 金属切削过程变形示意图

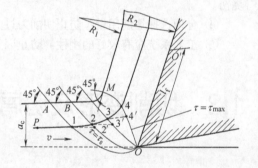

图1.25 第一变形区金属的剪切变形过程

2）第二变形区 II

切屑沿刀具前面排出时会进一步受到前刀面的阻碍，在刀具和切屑底面之间存在强烈的挤压和摩擦，使切屑底部靠近前刀面处的金属发生"纤维化"。

3）第三变形区 III

已加工表面受到切削刃钝圆部分和后刀面的挤压和摩擦，造成表层金属纤维化与加工硬化。

（2）积屑瘤

在切削速度不高而又能形成连续切屑的情况下，加工一般钢料或其他塑性材料时，常常在前刀面处黏着一块剖面有时呈三角状的硬块。它的硬度很高，通常是工件材料的2~3倍，在处于比较稳定的状态时，能够代替刀刃进行切削。这块冷焊在前刀面上的金属称为积屑瘤。

切削加工时，切屑与前刀面发生强烈摩擦而形成新鲜表面接触，当接触面具有适当的温度和较高的压力时就会产生黏结（冷焊），切屑底层金属与前刀面冷焊而滞留在前刀面上。连续流动的切屑从黏在刀面的底层上流过时，在温度、压力适当的情况下，也会被阻滞在底层上，使黏结层逐层在前一层上积聚，最后长成积屑瘤。

积屑瘤的产生以及它的积聚高度与金属材料的硬化性质有关，也与刃前区的温度和压力分布有关。一般说来，塑性材料的加工硬化倾向越强，越易产生积屑瘤；温度与压力太低，不会产生积屑瘤；反之，温度太高，产生弱化作用，也不会产生积屑瘤。走刀量保持一定时，积屑瘤高度与切削速度有密切关系。

实验证明，形成积屑瘤有一最佳切削温度（对于碳素钢，最佳温度为300~500℃），此时积屑瘤高度最大；当高于或低于此温度时，积屑瘤高度皆减小。

1）积屑瘤在切削过程中的作用

① 增大实际前角　积屑瘤加大了刀具的实际前角，可使切削力减小，对切削过程起积极作用。积屑瘤愈高，实际前角愈大。

② 增大切削厚度　由于积屑瘤的产生、成长、脱落是一个周期性的动态过程，积屑瘤的变化容易引起切削过程振动。

③ 使加工表面粗糙度增大　积屑瘤的底部相对稳定一些，其顶部很不稳定，容易破裂，一部分连附于切屑底部而排出，一部分残留在加工表面上，积屑瘤凸出刀刃部分使加工表面切得非常粗糙，因此在精加工时必须设法避免或减小积屑瘤。

④ 影响刀具寿命　积屑瘤黏附在前刀面上，在相对稳定时，可代替刀刃切削，有减少刀具磨损、提高寿命的作用。积屑瘤不稳定时，积屑瘤碎片挤压前刀面和后刀面，加剧刀具磨损，积屑瘤破碎时还可能引起硬质合金刀面的剥落，反而降低刀具寿命。

2）避免或减小积屑瘤的主要措施

显然，积屑瘤的存在有利有弊。粗加工时，对精度和表面粗糙度要求不高，如果积屑瘤能稳定生长，则可以代替刀具进行切削，保护刀具，同时可减小切削变形。精加工时，积屑瘤会影响加工精度，因而不允许积屑瘤出现。精加工时避免或减小积屑瘤的主要措施有：

① 降低切削速度，使切削温度下降到不易产生黏结现象的程度；

② 采用高速切削，使切削温度高于积屑瘤消失的极限速度；

③ 增大刀具前角，减小刀具前刀面与切屑的接触压力；

④ 使用润滑性好的切削液，精研刀具表面，降低刀具前刀面与切屑接触面的摩擦因数；

⑤ 适当提高工件材料的硬度，减小材料硬化指数。

1.3.2 切屑的种类

由于工件材料不同，切削条件各异，切削过程中生成的切屑形状是多种多样的。切屑的形状主要分为带状切屑、节状切屑、粒状切屑和崩碎切屑四种类型,如图 1.26 所示。

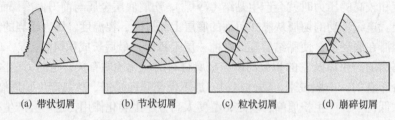

(a) 带状切屑　　(b) 节状切屑　　(c) 粒状切屑　　(d) 崩碎切屑

图 1.26　切屑类型

① 带状切屑　内表面是光滑的,外表面呈毛茸状。加工塑性金属时,在切削厚度较小、切速较高、刀具前角较大的工况条件下常形成此类切屑。切削碳素钢、合金钢、铜和铝合金时,常出现这类切屑。

② 节状切屑　又称挤裂切屑。它的外表面呈锯齿形,内表面有时有裂纹。在切削速度较低、切削厚度较大、刀具前角较小时常产生此类切屑。切削黄铜或低速切削钢时,较易得到这类切屑。

③ 粒状切屑　又称单元切屑。在切屑形成过程中,如剪切面上的剪切应力超过了材料的断裂强度,切屑单元从被切材料上脱落,形成粒状切屑。切削铅或以很低的速度切削钢时可得到这类切屑。

④ 崩碎切屑　加工脆性材料,切削厚度越大越易得到这类切屑。切削铸铁、黄铜等材料时易得到这类切屑。

前三种切屑,加工塑性金属时常见,形成带状切屑时,切削过程最平稳,切削力波动小,已加工表面粗糙度较小;形成粒状切屑时,切削过程中的切削力波动最大,已加工表面粗糙度较大。

切屑的类型是由材料的应力-应变特性和塑性变形程度决定的。例如,加工条件相同,塑性高的材料不易断裂,易形成带状切屑;改变加工条件,材料产生的塑性变形程度随之变化,切屑的类型便会相互转化,当塑性变形尚未达到断裂点就被切离时,出现带状切屑,变形后达到断裂就形成挤裂切屑或单元切屑。

因此,在生产中常利用切屑转化条件,得到较为有利的屑型。

1.4　切削条件的合理选择

1.4.1　刀具几何参数的选择

当刀具材料和刀具结构确定之后,刀具切削部分的几何参数对切削性能的影响十分重要。例如切削力的大小、切削温度的高低、切屑的连续与碎断、加工质量的好坏以及刀具寿命、生产效率、生产成本的高低等都与刀具几何参数有关。因此，合理选择刀具几何参数是提高金属切削效益的重要措施之一。

合理选择刀具几何参数的原则是：在保证加工质量的前提下，尽可能地使刀具寿命长、生产效率高和生产成本低。在生产中应根据具体情况确定各参数的主要优化目标。刀具几何参数选择时，需要综合考虑以下几个方面：

① 要考虑工件的实际情况　主要考虑工件材料的化学成分、毛坯制造方法、热处理状态、物理和力学性能（包括硬度、抗拉强度、伸长率、冲击韧性、热导率等），还要考虑毛坯的表层情况、工件的形状、尺寸、精度和表面质量要求等。

② 要考虑刀具材料和刀具结构　要考虑刀具材料的化学成分、物理和力学性能（包括硬度、抗弯强度、冲击韧性、耐磨性、热稳定性和热导率等），还要考虑刀具的结构形式是整体式，还是焊接式或机夹式。

③ 要考虑各个几何参数之间的相互联系及相互影响　刀具几何参数之间是相互联系的，应综合考虑它们之间的相互作用与影响，确定各参数的合理值。一个参数改变对刀具切削性能的影响，既有有利方面，也有不利方面，要综合考虑。如选择大的前角和后角均可以减小切削变形、降低切削力，但两者增大会使刀楔角减小，散热变差，刃口强度削弱。因此，应根据具体情况结合两者的主要功用和影响，综合考虑来确定两者的合理值。从本质上看，这是一个多变量函数的优化问题，若用单因素法则有很大的局限性。

④ 要考虑具体的加工条件　要考虑机床、夹具的情况，工艺系统刚性及功率大小，切削用量和切削液性能等。如：粗加工和半精加工时，主要考虑生产率和刀具寿命；精加工时，主要考虑保证加工精度和表面加工质量要求；对自动化程度高的机床上用的刀具，主要考虑刀具工作的稳定性，有时要考虑断屑问题；机床刚性和动力不足时，刀具要求锋利，以减小切削力和振动。

（1）前角的功用及选择

1）前角的功用

前角是刀具上重要的几何参数之一，决定切削刃的锋利程度和坚固程度。前角的大小对切削变形、切削力、切削温度和切削功率都有影响，也影响刀头的强度、容热体积和散热面积，从而影响刀具的使用寿命和切削效率。前角对切削过程的影响主要表现在以下两个方面：

① 增大前角的有利影响　能减小切削变形，减轻刀-屑之间的摩擦，从而减小切削力和切削功率，降低切削温度，减轻刀具磨损，提高刀具寿命；可抑制积屑瘤与鳞刺的产生，减轻切削振动，从而改善加工表面质量。

② 增大前角的不利影响　会使刀楔角减小，降低切削刃的承载能力，易造成崩刃

和卷刃而使刀具早期失效；会使刀具的散热面积和容热体积减小，导致热应力集中，切削区内局部温度升高，易造成刀具的破损和增大磨损强度，引起刀具寿命下降；由于切削变形减小，也不利于断屑。

2）前角的选择

选择前角的基本原则是：在满足刀具寿命要求的前提下，选用较大的前角。

图1.27、图1.28所示为在一定切削条件下，刀具的前角变化对刀具寿命的影响曲线。由此可见，在一定的切削条件下，存在着一个使刀具寿命最大的前角值，这个前角称为合理前角γ_{opt}。前角太大、太小都会使刀具寿命显著降低。从图1.27还可以发现，工件材料不同，合理前角γ_{opt}不同；从图1.28还可以发现，刀具材料不同，合理前角γ_{opt}也不同。

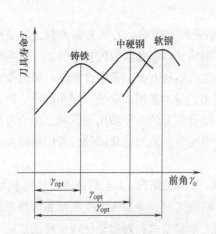

图1.27 加工不同材料时的合理前角　　图1.28 不同刀具材料的合理前角

① 根据加工工件材料选择　加工塑性材料，前角应较大，塑性越大，前角的数值应选的越大；加工脆性材料，前角应较小，加工脆性材料，一般得到崩碎切屑，切削变形很小，切屑与前刀面的接触面积小。如果选择较大的前角，刀具强度差，易崩刃。材料硬度、强度越高，前角应越小。材料的塑性越大，前角应越大。

② 根据刀具材料选择　刀具材料抗弯强度和冲击韧性越大，合理前角越大，反之则小。高速钢刀具抗弯强度高、抗冲击韧性高，可选用较大的前角。硬质合金抗弯强度较高速钢低，应选用较小的前角。陶瓷刀具抗弯强度是高速钢的1/3~1/2，前角最小。

③ 根据加工要求选择前角　粗加工时应选择较小前角（切削力大，特别是在断续切削时，前角应更小）；精加工应选择较大的前角（切削力小，要求刃口锋利）；工艺系统刚性较差或功率小时，选择较大的前角（减小切削力）；自动机床刀具应选择较小的前角，以提高切削的稳定性和刀具寿命；加工成形表面的刀具，应选用较小的前角。由于前角影响成形刀具的刃形误差，选用较小的前角可减小刃形误差，提高工件的加

工精度。

（2）后角的功用及选择

后角的大小影响切削刃的锋利程度、后刀面与加工表面之间的摩擦，影响刀楔角的大小。

1）后角的大小对刀具及切削加工的影响

增大后角，可减小后刀面与已加工表面的摩擦，减小切削刃钝圆弧半径，使刀刃和刀尖锋利，易切入工件，减小变质层深度，可提高加工质量。增大后角，在均匀磨损量相同时，达到磨钝标准磨去金属体积大，刀具寿命高；但在均匀磨损量不同时，则磨去的金属体积小，刀具寿命低。增加后角使刀楔角减小，刀具强度降低，散热条件变差，使刀具寿命降低甚至发生刀具破损。大后角的刀具磨损对加工精度的影响较大。

2）后角的选择原则

在不产生摩擦的条件下，应适当减小后角。

① 根据加工精度选择　精加工时切削厚度小，主要是后刀面磨损，为了使刀刃锋利、减小摩擦，应取较大后角，一般可取 $\alpha_o = 8°\sim12°$；粗加工切削厚度大，切削力大，切削温度高，为增大刀刃的强度，改善散热条件，应取较小的后角，一般可取 $\alpha_o = 6°\sim8°$。

② 根据加工材料选择　加工塑性材料应选用较大后角；加工脆性材料应选用较小后角；工件材料的强度、硬度高时宜选小的后角。

③ 根据工艺系统刚性选择　刚性差，为防止振动，应选较小后角；为增加阻尼甚至可磨出宽度为 $b_{\alpha o}$ 的消振棱，如图1.29所示。

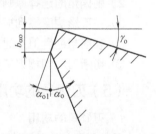

图1.29　消振棱车刀

（3）主偏角的功用及选择

主、副偏角以及刀尖形状的共同点是影响刀尖强度、散热面积、热容量以及刀具寿命和已加工表面质量。

1）主偏角的功用

① 减小主偏角，刀尖角增大，使刀尖强度提高、散热体积增大、散热条件得以改善，刀具寿命得以提高。

② 减小主偏角，切削宽度增大，切削厚度减小，增大切削刃工作长度，切削刃单位长度上的负荷减小，有利于提高刀具寿命。

③ 减小主偏角，吃刀抗力增大，易引起系统振动，使工件弯曲变形，降低加工精度。

④ 增大主偏角，使吃刀抗力减小，不易产生振动，且易断屑。

⑤ 主偏角影响切屑形状、流出方向和断屑性能。

⑥ 主偏角影响加工表面的残留高度，减小主偏角，可使表面粗糙度减小，加工表

面质量高。

2)主偏角的选择原则

① 根据加工系统刚度选择　工艺系统刚性好时，宜选取较小的主偏角，以提高刀具寿命；刚度不足，如加工细长轴时，宜取较大的主偏角（$\kappa_r = 60°\sim75°$），以减小径向力。

② 根据工件材料选择　加工高强度、高硬度材料时，为提高刀具强度和寿命，选用较小的主偏角。

③ 根据加工表面形状要求选择　刀具主偏角大小的选择应与加工表面的形状要求相适应，且便于工人操作。例如，在车阶梯轴时，应选用 90°；用同一把车刀车削外圆、端面和倒角时，一般应选用 45°。

④ 根据刀具材料和加工要求选择　使用硬质合金刀，粗加工和半加工时，应选用较大的主偏角，有利于减振和断屑。

（4）副偏角的功用及选择

1）副偏角的功用

副偏角是影响表面粗糙度的主要角度，它的大小也影响刀具强度。过小的副偏角会增加副后面与已加工表面间的摩擦，引起振动。

2）副偏角的选择原则

① 在不影响摩擦和振动的条件下，应选用较小的副偏角。

② 表面粗糙度值小时，应选用较小的副偏角或磨出修光刃。

③ 切断刀、切槽刀考虑结构强度，选用较小的副偏角 1°~3°。

（5）刃倾角的功用及选择

1）刃倾角的功用

刃倾角和前角共同决定了前刀面的倾斜情况，其功用如下：

① 可控制切屑流向　当刃倾角为 0° 时，切屑垂直于切削刃流出；当刃倾角为负值时，切屑流向已加工表面；当刃倾角为正值时，切屑流向待加工表面，如图 1.30 所示。

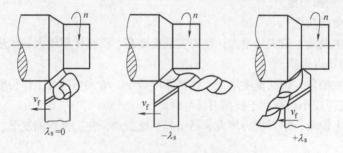

图 1.30　刃倾角大小可控制切屑流向

② 影响切削刃的工作长度　当 a_p 不变时，λ_s 绝对值越大，切削刃工作长度越大，单位切削负荷越小，刀具寿命越高。

③ 影响切削刃的锋利程度 当 $\lambda_s \neq 0°$ 时，切屑在前刀面上流出方向与切削方向呈一夹角，称为流屑角。在流屑剖面内，实际工作刀尖钝圆半径小于标注刀尖钝圆半径，因此切削锋利性增大，对微量切削很有利。

2）刃倾角的选择原则

① 根据加工要求选择 精加工时，为防止切屑划伤已加工表面，选择 $\lambda_s = 0° \sim +5°$；粗加工时，为提高刀具强度，选择 $\lambda_s = 0° \sim -5°$；车削淬硬钢等高硬度、高强度金属材料时，也常取较大的负刃倾角。

② 根据加工条件选择 加工断续表面、加工余量不均匀表面，或在其他产生振动的切削条件下，通常取负的刃倾角。在生产中常在选用较大前角时，选用负的刃倾角，以解决"锋利与坚固"难以并存的矛盾。

1.4.2 切削用量的选择

合理地选择切削用量对保证加工质量、降低加工成本和提高生产率有着非常重要的意义。机床、刀具和工件等条件不同，切削用量的合理值有较大的变化。加工零件时，在确定刀具几何参数后，还需选定切削用量参数才能进行切削加工。切削用量选择是否合理对生产过程的影响很大，特别是在批量生产、自动机床、自动线和数控机床加工中尤其重要。切削用量既是机床调整前必须确定的重要参数，又直接影响零件的加工质量、效率、生产成本。

合理的切削用量是指充分利用刀具切削性能和机床动力性能（功率、扭矩），在保证质量的前提下，获得高的生产率和低的加工成本的切削用量。

（1）制订切削用量时考虑的因素

1）切削加工生产率

在切削加工中，金属切除率与切削用量三要素（a_p、f、v_c）均保持线性关系，即其中任一参数增大一倍，都可使生产率提高一倍。然而由于刀具寿命的制约，当任一参数增大时，其他两个参数必须减小。因此，在确定切削用量时，三要素获得最佳组合，此时的高生产率才是合理的。

2）刀具寿命

切削用量三要素对刀具寿命影响按从大到小的顺序为 v_c、f、a_p，因此，从保证合理的刀具寿命出发，在确定切削用量时，首先应采用尽可能大的背吃刀量，然后再选用大的进给量，最后求出刀具寿命所允许的最大切削速度。

3）加工表面粗糙度

加工时，增大进给量将增大加工表面粗糙度值，因此加工表面粗糙度是精加工时抑制生产率提高的主要因素。

(2)切削用量选择原则

综合考虑加工余量、刀具寿命（刀具耐用度）、机床功率、表面粗糙度和工件、刀具、刀片的刚度和强度等因素确定。

① 保证加工余量原则　根据零件加工余量和粗、精加工要求，选定背吃刀量。

② 保证加工工艺系统刚度原则　根据加工工艺系统（包括机床进给系统、工件刚度以及精加工时表面粗糙度要求）允许的切削力，确定进给量 f。

③ 保证刀具寿命的选择原则　根据刀具寿命（刀具耐用度），确定切削速度。

④ 保证机床功率原则　所选定的切削用量应该是机床功率允许的。

实际生产中，由于加工零件、使用机床、刀具和夹具等条件的变化，很难从实践经验、理论计算和手册资料中选出一组最合理的切削用量。利用切削用量优化的方法，在确定加工条件后，综合考虑各个因素，通过计算机辅助设计找出满足高效、低成本、高效益和达到表面质量要求的一组最佳切削用量参数。

所谓切削用量的优化，就是依据拟定的优化目标并在一些必要的约束条件下选择最佳的切削用量值。所谓约束条件，是指在保证加工质量，充分利用机床、刀具性能的前提下，对切削用量的极限值设定的限制。

1.4.3　工件材料的切削加工性

工件材料的切削加工性是指在一定切削条件下，工件材料切削加工的难易程度。它是一个相对的概念，如切削低碳钢时，从切削力和切削功率方面来衡量，则加工性好；如果从已加工表面粗糙度方面来衡量，则加工性不好。根据不同的要求，可以用不同的指标来衡量材料的切削加工性。

（1）衡量切削加工性的指标

切削过程的要求不同，切削加工性的衡量指标也不同。切削加工性的好坏主要从以下四个方面衡量。

1）刀具寿命指标 T 或一定寿命下允许的切削速度 v_T

用刀具寿命 T 或一定刀具寿命下允许的切削速度 v_T 来衡量不同材料的切削加工性。在一定的切削速度下刀具寿命越长或一定刀具寿命下所允许的切削速度越高，加工性就越好；反之，加工性越差。在一定刀具寿命 T 下，某种材料允许的切削速度 v_T 是最常用的衡量切削加工性的指标。常用指标有：v60、v20、K_v。

v60——刀具寿命为 60min 时所允许的切削速度值。普通金属材料一般用该指标。

v20——刀具寿命为 20min 时所允许的切削速度值。难加工材料一般用该指标。

K_v——相对加工指标。以 45 钢的 v60 为基准，记作 $(v60)_j$，其他材料的 v60

与 $(v_{60})_j$ 之比称为相对加工性，即 $K_v = \dfrac{v_{60}}{(v_{60})_j}$。$K_v>1$ 时，材料的切削加工性好于 45 钢，K_v 越大，越易切削，如有色金属的 $K_v>3$；K_v 越小，越难加工，如高锰钢、钛合金的 $K_v<0.5$，这些材料为难加工材料。

2）已加工表面质量

切削加工时，凡容易获得好的加工表面质量（包括表面粗糙度、加工硬化程度和表面残余应力等）的材料，其切削加工性较好，反之较差。精加工时，常以此作为衡量加工性的指标。

3）切削力或切削功率

在相同切削条件下加工不同材料时，切削力越大或切削功率越大，则材料的加工性越差；反之，切削加工性越好。在粗加工或机床刚性、动力不足时，可用切削力或切削功率作为衡量切削加工性的指标。

4）切屑的处理性能

切削时，凡切屑易于控制或断屑性能良好的材料，其加工性较好，反之则较差。数控机床、组合机床、自动机床或自动线加工时，常以此为衡量切削加工性的指标。

（2）改善工件材料切削加工性的措施

1）选择易切钢

易切钢是含有易切添加剂且不降低力学性能的易切材料。切削该种材料可以提高刀具使用寿命，减小切削力，易断屑，加工表面质量好。

2）进行适当的热处理

可以将硬度较高的高碳钢、工具钢等材料进行退火处理，以降低硬度，从而改善材料的切削加工性。低碳钢可以通过正火与冷拔等工艺方法降低材料的塑性，以提高其硬度，使工件的切削变得容易。中碳钢也可以通过正火等热处理方法使其金相组织与材料硬度得以均匀，达到改善工件材料切削加工性的目的。

3）合理选择刀具材料

根据加工材料的性能和要求，选择与之相匹配的刀具材料。

4）加工方法的选择

根据加工材料的性能和要求，选择与之相适应的加工方法。随着切削加工技术的发展，也出现了一些新的加工方法，例如加热切削、低温切削、振动切削等，其中有些加工方法可有效地对一些难加工材料进行切削加工。

1.4.4 切削液的选择

在切削加工过程中合理使用切削液，可以改善切屑、工件与刀具的摩擦状况，降低切削力和切削温度，减少刀具磨损，抑制积屑瘤和鳞刺（在已加工表面上呈鱼鳞状的毛刺）的生长，从而提高生产率和加工质量。

(1) 切削液的作用

1) 冷却作用

切削液浇注到切削区域后，通过切削液的传导、对流和汽化，一方面使切屑、刀具与工件间摩擦减小，产生热量减少；另一方面将产生的热量带走，使切削温度降低，起到冷却作用。

2) 润滑作用

切削液的润滑作用是通过切削液渗透到刀具与切屑、工件表面之间，形成润滑性能较好的油膜而实现的。

3) 清洗作用

切削液的清洗作用是清除黏附在机床、刀具和夹具上的细碎切屑和磨粒细粉，以防止划伤已加工表面和机床的导轨，并减小刀具磨损。清洗作用的效果取决于切削液的油性、流动性和使用压力。

4) 防锈作用

在切削液中加入防锈添加剂后，能在金属表面形成保护膜，使机床、刀具和工件不受周围介质的腐蚀，起到防锈作用。

(2) 切削液的种类

1) 水溶液

水溶液是以水为主要成分并加入防锈添加剂的切削液。由于水的热导率、比热容、汽化热较大，因此，水溶液主要起冷却作用，同时由于其润滑性能较差，故主要用于粗加工和普通磨削加工。

2) 乳化液

乳化液是乳化油加 95%~98%水稀释成的一种切削液。乳化油是由矿物油、乳化剂配制而成的。乳化剂可使矿物油与水乳化形成稳定的切削液。尽管乳化液的润滑性能优于水溶液，但润滑和防锈性能仍较差。为了提高其润滑和防锈性能，需加入一定量的油性添加剂、极压添加剂和防锈添加剂，配成极压乳化液或防锈乳化液。

3) 切削油

切削油是以矿物油（少数采用植物油或复合油）为主要成分并加入一定的添加剂而构成的切削液。用于切削油的矿物油主要包括全系统损耗用油、轻柴油和煤油等。切削油主要起润滑作用。纯矿物油不能在摩擦界面上形成牢固的润滑膜，常加入油性添加剂、极压添加剂和防锈添加剂以提高润滑和防锈性能。

(3) 切削液的添加剂

为了使切削液具有各种使用性能，通常加入某些化学物质，这些化学物质称为添加剂。切削液中常见的添加剂有：油性添加剂、极压添加剂、防锈添加剂、防霉添加剂、防泡沫添加剂和乳化剂等。

1）油性添加剂

油性添加剂含有极性分子，它与金属表面形成牢固的吸附膜，以减少摩擦。这种吸附膜耐高温性差，故主要用于低速精加工。

2）极压添加剂

常用的极压添加剂是含有硫、磷、氯、碘的有机化合物。它在高温下与金属表面发生化学反应形成化学润滑膜，能在高温下保持润滑作用。

3）乳化剂

乳化剂是使矿物油和水进行乳化，形成稳定的乳化液。乳化剂是一种表面活性剂，它有极性端和非极性端，极性端亲水，非极性端亲油，使水与油连接起来，降低了油与水的界面张力，使油微小的颗粒稳定均匀地分布在水中形成水包油乳化液。反之则是油包水乳化液。金属切削中常用水包油乳化液。

（4）切削液的选择

切削液的品种繁多、性能各异，在切削加工时应根据工件材料、刀具材料、加工方法和加工要求的具体情况合理选用，以取得良好的效果。

1）根据刀具材料和加工要求选用

对于低速刀具（如高速钢刀具），为了降低切削温度和减小摩擦应使用切削液。粗加工时选用冷却性能好的切削液；精加工时选用润滑性好的切削液，以保证加工表面质量。采用硬质合金刀具加工时，由于刀具耐热性好，一般不使用切削液。必须使用切削液时，应连续、充分、大流量使用，以防止热冲击产生内应力而降低刀具的寿命和已加工表面质量。

2）根据工件材料选用

加工钢等塑性材料时应选用切削液。加工铸铁等脆性材料时一般不选用切削液，以免污染工作地。如果必须使用，则采用煤油或轻柴油等与切屑容易分离的切削液。对于高强度钢、高温合金钢等难加工材料，应选用极压性能优良的切削液，以适应极压润滑摩擦状况，起到降低切削温度和减小摩擦的效果，从而提高刀具寿命和加工表面质量。

3）根据加工方法选用

对于钻孔、攻螺纹、铰孔和拉削等，由于导向部分和校准部分与已加工表面摩擦较大，通常选用乳化液、极压乳化液和极压切削油；为保证成形刀具、螺纹刀具及齿轮刀具有较高的寿命，通常选用润滑性能好的切削油、高浓度的极压乳化液或极压切削油；磨削加工时，由于磨屑微小而且磨削温度很高，故选用冷却和清洗性能好的切削液，如水溶液、乳化液。磨削难加工材料时，宜选用有一定润滑性能的水溶液和极压乳化液。

（5）切削液的使用方法

切削液不仅要合理选用，而且要选择正确的使用方法才能充分发挥作用。切削液常用的使用方法有：浇注法、高压冷却法和喷雾冷却法。

1）浇注法

浇注法是切削液最常用的使用方法。这种方法使用方便、设备简单，但流量大、压力低、切削液不易进入切削区的最高温度处，因此冷却、润滑效果皆不理想。

2）高压冷却法

高压冷却法是利用高压（1~10MPa）切削液直接作用于切削区周围进行冷却润滑并冲走切屑，效果好于浇注法，但需要高压冷却装置。深孔加工时常用此法。

3）喷雾冷却法

喷雾冷却法是用压力为 0.3~0.6MPa 的压缩空气将通过喷雾装置雾化的切削液高速喷射到切削区，切削液在高温下迅速汽化，吸收大量的热量，达到良好的冷却效果，能显著地提高刀具寿命和加工表面质量，但需要高压气源和喷雾装置。

练习题

一、填空题

1. 主偏角 κ_r 减小，使切削宽度（　　　），切削厚度（　　　），切削变形和摩擦（　　　）。

2. 切削用量对切削温度影响规律是：切削用量 a_p、f 和 v_c 增大，切削温度（　　　），其中（　　　）对切削温度影响最大，（　　　）对切削温度影响最小。

3. 积屑瘤形成的决定因素是（　　　）。

4. 在低速切削时，（　　　）磨损是刀具磨损的主要原因；中等切削速度切削塑性材料时，刀具容易发生（　　　）磨损；在高温高速下，刀具容易发生（　　　）磨损和（　　　）磨损。

5. 切屑与前刀面之间的摩擦与挤压发生在第（　）变形区。

二、选择题

1. 磨削加工中必须大量使用切削液，其主要作用是（　　　）。

　A. 散热　　　　　　B. 消除空气中的金属微尘和砂粒粉末
　C. 冲洗工件表面　　D. 冲洗砂轮的工作表面

2. 在切削普通金属材料时，用刀具寿命达到____时允许的____来评定材料的加工性。（　　　）

　A. 60min　切削温度　　　　B. 60min　切削速度 v_{60}
　C. 100min　切削热　　　　　D. 100min　切削速度 v_{100}

3. 以下说法错误的是（　　　）

　A. 垂直于已加工表面来度量的切削层尺寸，称为切削厚度。

B. 沿加工表面度量的切削层尺寸，称为切削宽度。
C. 切削层在基面 p_r 的面积，称为切削面积。
D. 对于车削来说，不论切削刃形状如何，切削面积均为：$A_c = f a_p$。
4. 刀具磨损中月牙洼多出现在（　　）。
A. 后刀面近切削刃　　B. 前刀面近切削刃　　C. 近刀尖处　　D. 后刀面
5. 在 a_p 和 f 一定的条件下，切削厚度与切削宽度的比值取决于（　　）。
A. 刀具前角　　　　B. 刀具后角　　　　C. 刀具主偏角　　D. 刀具负偏角

三、判断题

（　）1. 在机床上加工零件时，主运动的数目可能不止一个。
（　）2. 精加工时可选用较大的前角，以减小切削力。
（　）3. 车削细长轴时，应选用较大的主偏角，以减小背吃刀抗力。
（　）4. 减小后角的优点是：刀具强度高，散热性能好。
（　）5. 基面与正交平面的交线垂直于切削平面。

四、简答题

1. 主运动的特点有哪些？
2. 如何表示切削变形程度？影响切削变形的因素有哪些？各因素如何影响切削变形？
3. 积屑瘤是如何产生的？积屑瘤对切削过程有何影响？
4. 切削用量三要素是什么？
5. 什么是母线？什么是导线？
6. 切屑的类型有哪些？
7. 刀具磨损如何进行度量？刀具磨钝的标准是如何制订的？
8 切削用量三要素对刀具使用寿命影响程度有何不同？试分析原因。
9. 刀具破损的主要形式有哪些？高速钢和硬质合金刀具的破损形式有何不同？
10. 影响工件材料切削加工性的主要因素是什么？如何衡量？

第2章

金属切削机床基础

2.1 概述

机床是制造机器的机器,是用来生产其他机器的工作母机,在我国社会主义现代化建设中起着重大作用。下面简单介绍一下机床的基本概念。

各类机床通常都由下列基本部分组成。

(1)动力源

为机床提供动力(功率)和运动驱动的部分,如各种交流电动机、直流电动机和液压传动系统的液压泵、液压马达等。

(2)传动系统

包括主传动系统、进给传动系统和其他运动的传动系统,如变速箱、进给箱等部件,有些机床主轴组件与变速箱合在一起称为主轴箱。

(3)支承件

用于安装和支承其他固定的或运动的部件,承受重力和切削力,如床身、立柱等。支承件是机床的基础构件,又称机床大件或基础件。

(4)工作部件

包括:与最终实现切削加工的主运动和进给运动有关的执行部件,如主轴及主轴箱、工作台及其滑板或滑座、刀架及其滑板、滑枕等,安装工件或刀具的部件;与工件和刀具安装及调整有关的部件或装置,如自动上下料装置、自动换刀装置、砂轮修整器等;与上述部件或装置有关的分度、转位、定位机构和操纵机构等。

不同种类的机床，由于用途、表面成形运动和结构布局不同，这些工作部件的构成和结构差异很大，但就运动形式来说，主要是旋转运动和直线运动，所以工作部件结构中大多含有轴承和导轨。

（5）控制系统

用于控制各工作部件的正常工作，主要是电气控制系统，有些机床局部采用液压或气压控制系统。数控机床的控制系统是数控系统，包括数控装置、主轴和进给的伺服控制系统（伺服单元）、可编程序控制器和输入输出装置等。

（6）冷却系统

用于对加工工件、刀具及机床的某些发热部位进行冷却。

（7）润滑系统

用于对机床的运动副（如轴承、导轨等）进行润滑，以减小摩擦、磨损和发热。

（8）其他装置

如排屑、自动测量装置等。

关于零件表面的形成原理与方法、金属切削加工中的运动已在第 1 章的 1.1.2 节和 1.1.3 节进行了介绍，这里不再赘述。

2.2 机床的分类与型号

2.2.1 机床的分类

机床是机械加工系统的主要组成部分。为适应不同的加工对象和加工要求，机床有许多品种和规格。为便于区别、使用和管理，需对机床加以分类并编制型号。

机床的分类方法很多，最基本的是按机床的主要加工方法、所用刀具及其用途进行分类。根据国家制订的机床型号编制方法，机床共分为 11 类，即车床、钻床、镗床、磨床、齿轮加工机床、螺纹加工机床、铣床、刨插床、拉床、锯床和其他机床。在每一类机床中，又按工艺范围、布局形式和结构性能等分为 10 组，每一组又分为若干系（系列）。在上述基本分类的基础上，机床还可根据其他特征进一步细分。

（1）按通用性分类

同类机床按应用范围（通用性程度）又可分为通用机床、专门化机床和专用机床。通用机床的工艺范围很宽，可以加工一定尺寸范围内的各类零件，完成多种多样的工序，例如卧式车床、摇臂钻床、万能升降台铣床等，但结构复杂，难以实现自动化，因此生产效率和加工精度相对较低，适用于经常变动的单件、小批量生产。专门化机床的工艺范围较窄，只能加工一定尺寸范围内的某一类（或少数几类）零件，完成某一种（或少数几种）特定工序，例如曲轴车床、凸轮轴车床等。专用机床的工艺范围最窄，通常只能完成某一特定零件的特定工序，例如加工机床主轴箱的专用镗床、加工机床导轨的专用导轨磨床等。组合机床也属于专用机床。

（2）按工作精度分类

同类机床按工作精度可分为普通精度机床、精密机床和高精度机床。大多数通用机床属于普通精度机床。精密机床是在普通机床的基础上提高其主要零部件的制造精度得到的。高精度机床通常是特殊设计、制造的，并采用了保证高精度的机床结构等技术措施，因而其造价通常较高，可能是同类普通机床价格的十几倍甚至更高。

（3）按自动化程度分类

同类机床按自动化程度可分为手动机床、机动机床、半自动机床和自动机床。

（4）按质量和尺寸分类

同类机床按质量和尺寸可分为仪表机床、中型机床（一般机床）、大型机床、重型机床和超重型机床。

随着机床的不断发展，机床的分类方法将不断变化。

2.2.2　金属切削机床型号的编制

机床型号是机床产品的代号，简明地表示机床的类型、性能和结构特点、主要技术参数等。我国的机床型号现在是按 2008 年颁布的标准 GB/T 15375—2008《金属切削机床型号编制方法》编制的。此标准规定，机床型号由一组汉语拼音字母和阿拉伯数字按一定规律组合而成。下面以通用机床的型号编制为例进行介绍。

（1）型号表示方法

通用机床型号由基本部分和辅助部分组成，中间用"/"隔开，读作"之"。基本部分需统一管理，辅助部分是否纳入型号由企业自定。通用机床型号表示方法如图 2.1 所示。

（2）机床的分类及代号

1）机床的类别代号

机床类别用大写汉语拼音字母表示，如表 2.1 所示。有时，类以下还可有若干分类，分类代号用阿拉伯数字表示，放在类别代号之前，作为型号的首位，第一分类代号的数字不用表示。例如，磨床类机床就有 M、2M、3M 三个分类。

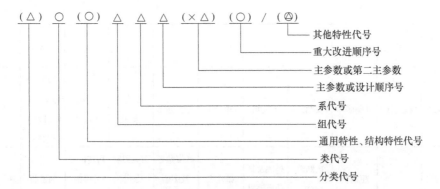

图 2.1 通用机床型号表示方法

图 2.1 中,有"( )"的代号或数字,当无内容时不表示;有内容时则不带括号。有"○"符号者,为大写的汉语拼音字母。有"△"符号者,为阿拉伯数字。有"⌀"者,为大写的汉语拼音字母或阿拉伯数字,或两者兼有。

表 2.1 机床的类别代号

类别	车床	钻床	镗床	磨床			齿轮加工机床	螺纹加工机床	铣床	刨插床	拉床	锯床	其他机床
代号	C	Z	T	M	2M	3M	Y	S	X	B	L	G	Q
读音	车	钻	镗	磨	二磨	三磨	牙	丝	铣	刨	拉	割	其

2）机床的组、系代号

每类机床按结构性能及使用范围划分为 10 组,用数字 0~9 表示。每组机床又分若干个系（系列）。系的划分原则是:凡主参数相同,并按一定公比排列,工件和刀具本身的相对运动特点基本相同,且基本结构及布局也相同的机床,划为同一系。机床的组、系代号分别用一位阿拉伯数字表示,位于类别代号或特性代号之后。机床的类、组划分见表 2.2。

表 2.2 金属切削机床类、组划分

组别 类别	0	1	2	3	4	5	6	7	8	9
车床 C	仪表车床	单轴自动车床	多轴自动、半自动车床	回轮、转塔车床	曲轴及凸轮轴车床	立式车床	落地及卧式车床	仿形及多刀车床	轮、轴、辊、锭及铲齿车床	其他车床
钻床 Z		坐标镗钻床	深孔钻床	摇臂钻床	台式钻床	立式钻床	卧式钻床	铣钻床	中心孔钻床	其他钻床
镗床 T			深孔镗床		坐标镗床	立式镗床	卧式铣镗床	精镗床	汽车、拖拉机修理用镗床	其他镗床

039

续表

类别\组别	0	1	2	3	4	5	6	7	8	9
磨床 M	仪表磨床	外圆磨床	内圆磨床	砂轮机		坐标磨床	导轨磨床	刀具刃磨床	平面及端面磨床	曲轴、凸轮轴、花键轴及轧辊磨床	工具磨床
磨床 2M		超精机	内圆珩磨机	外圆及其他珩磨机	抛光机		砂带抛光及磨削机床	刀具刃磨及研磨机床	可转位刀片刃磨机床	研磨机	其他磨床
磨床 3M		球轴承套圈沟磨床	滚子轴承套圈滚道磨床	轴承套圈超精机			叶片磨削机床	滚子加工机床	钢球加工机床	气门、活塞及活塞环磨削机床	汽车、拖拉机修磨机床
齿轮加工机床 Y	仪表齿轮加工机		锥齿轮加工机	滚齿及铣齿机	剃齿及珩齿机	插齿机		花键轴铣床	齿轮磨齿机	其他齿轮加工机	齿轮倒角及检查机
螺纹加工机床 S					套螺纹机	攻螺纹机		螺纹铣床	螺纹磨床	螺纹车床	
铣床 X		仪表铣床	悬臂及滑枕铣床	龙门铣床	平面铣床	仿形铣床	立式升降台铣床	卧式升降台铣床	床身铣床	工具铣床	其他铣床
刨插床 B		悬臂刨床	龙门刨床			插床	牛头刨床		边缘及模具刨床	其他刨床	
拉床 L			侧拉床	卧式外拉床	连续拉床	立式内拉床	卧式内拉床	立式外拉床	键槽、轴瓦及螺纹拉床	其他拉床	
锯床 G			砂轮片锯床		卧式带锯床	立式带锯床	圆锯床	弓锯床	镗锯床		
其他机床 Q	其他仪表机床	管子加工机床	木螺钉加工机		刻线机	切断机	多功能机床				

3）机床的特性代号

当某类机床除有普通型外，还具有某种通用特性时，则在类代号之后加上通用特性代号（表2.3），例如"MG"表示高精度磨床。若仅有某种通用特性，而无普通型者，则通用特性不必表示，例如 C1107 型单轴纵切车床，由于这类自动车床没有"非自动型"，所以不必用"Z"表示通用特性。对主参数相同而结构、性能不同的机床，在型号中加结构特性代号予以区分。结构特性代号为汉语拼音字母，位置排在类别代号之后。当型号中有通用特性代号时，排在通用特性代号之后，例如 CA6140 型卧式车床中的"A"就是结构特征代号，表示此型号车床在结构上不同于 C6140 型车床。

表 2.3 通用特性代号

通用特性	高精度	精密	自动	半自动	数控	加工中心（自动换刀）	仿形	轻型	加重型	简式或经济型	柔性加工单元	数显	高速
代号	G	M	Z	B	K	H	F	Q	C	J	R	X	S
读音	高	密	自	半	控	换	仿	轻	重	简	柔	显	速

4) 机床主参数和设计顺序号

机床主参数代表机床规格的大小，用折算值（主参数乘以折算系数）表示。某些通用机床，当无法用一个主参数表示时，则在型号中用设计顺序号表示，设计顺序号由 1 起始。

5) 主轴数和第二主参数的表示方法

对于多轴车床、多轴钻床等机床，其主轴数以实际值列入型号，置于主参数之后，用"×"分开，读作"乘"。第二主参数一般是指最大模数、最大转矩、最大工件长度、工作台工作面长度等，第二主参数也用折算值表示。

6) 机床的重大改进顺序号

当机床的性能及结构布局有重大改进，并按新产品重新设计、试制和鉴定时，在原机床型号的尾部加重大改进顺序号，以区别于原机床型号。序号按 A、B、C 等字母顺序选用。

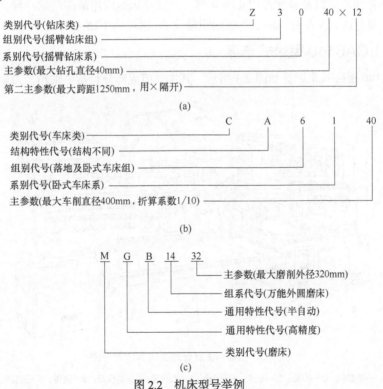

图 2.2 机床型号举例

7）其他特征代号及表示方法

其他特征代号置于辅助部分之首，主要用以反映机床的特征。例如，在基本型号机床的基础上，如仅改变机床的部分结构性能，则可在基本型号之后加上 1、2、3 等变型代号。

图 2.2 给出了三种机床型号示例。

2.3 常见金属切削机床

2.3.1 车床

在一般机器制造厂中，车床占金属切削机床总台数的 20%~35%，主要用于加工内外圆柱面、圆锥面、端面、成形回转表面以及内外螺纹面等。车床类机床的运动特征是：主运动为主轴的回转运动，进给运动通常由刀具来完成。车床加工所使用的刀具主要是车刀，还可用钻头、扩孔钻、铰刀等孔加工刀具。

车床的种类很多，按用途和结构的不同可分为卧式车床、立式车床、转塔车床、自动和半自动车床以及各种专门化车床等。卧式车床是应用最广泛的一种，其经济加工精度一般可达 IT8 左右，精车的表面粗糙度 Ra 值可达 1.25~2.5μm。

（1）CA6140 型卧式车床

CA6140 型卧式车床，如图 2.3 所示、其主要组成部分包括主轴箱、刀架、尾座、

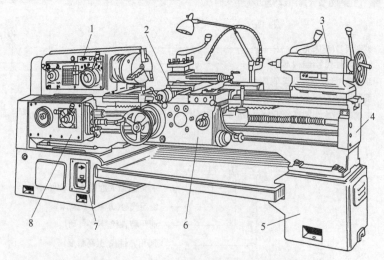

图 2.3　CA6140 型普通卧式车床外形图

1—主轴箱；2—刀架；3—尾座；4—床身；5—右床腿；6—溜板箱；7—底座；8—进给箱

进给箱、溜板箱和床身等。主轴箱的功用是支撑主轴并把动力经主轴箱内的变速传动机构传给主轴，使主轴带动工件按规定的转速旋转，以实现主运动（包括实现车床的启动、停止、变速和换向等）。刀架部件的功用是装夹车刀，实现纵向、横向或斜向运动。尾座的功用是用后顶尖支承长工件，也可以安装钻头、中心钻等刀具进行孔类表面加工。进给箱内装有进给运动的换置机构，包括变换螺纹导程和进给量的变速机构（包括基本组和增倍组）、变换公英制螺纹路线的移换机构、丝杠和光杠的转换机构，操纵机构以及润滑系统等。

进给箱上有三个操纵手柄，右边两个手柄套装在一起。全部操纵手柄及操纵机构都装在前箱盖上，以便装卸及维修，用于改变机动进给的进给量或所加工螺纹的导程。溜板箱与刀架连接在一起做纵向运动，把进给箱传来的运动传递给刀架，使刀架头实现纵向和横向进给或快速移动或车削螺纹。床身用于安装车床的各个主要部件，使它们在工作时保持准确的相对位置或运动轨迹。

CA6140 型普通卧式车床的主要技术性能和参数如表 2.4 所示。

表 2.4　CA6140 型普通卧式车床的主要技术性能和参数

参数类型	参数名称		参数值
几何参数	床身最大工件回转直径		400mm
	最大工件长度		750mm；1000mm；1500mm；2000mm
	最大车削长度		650mm；900mm；1400mm；1900mm
	刀架上最大工件回转直径		210mm
	主轴内孔直径		48mm
运动参数	主轴转速	正转 24 级	10~1400r/min
		反转 12 级	14~1580r/min
	进给量	纵向进给量 64 级	0.028~6.33mm/r
		横向进给量 64 级	0.014~3.16mm/r
	溜板箱及刀架纵向快移速度		4m/min
	车削螺纹范围	公制螺纹（44 种）	S=1~192mm
		英制螺纹（20 种）	a=2~24 扣/in①
		模制螺纹（39 种）	m=0.25~48mm
		径节螺纹（37 种）	D_P=1~96 牙/in
动力参数	主电机功率和转速		7.5kW，1450r/min
加工精度	精车外圆的圆度		0.01mm
	精车外圆的圆柱度		0.01mm/100mm
	精车端面的平面度		0.02mm/300mm
	精车螺纹的螺距精度		0.04mm/100mm；0.06mm/300mm
	精车表面的表面粗糙度		Ra=1.25~2.5μm

① 1in≈2.54cm。

（2）立式车床

立式车床适于加工直径大而高度小于直径的大型工件，按其结构形式可分为单柱式和双柱式两种，如图 2.4 所示。立式车床的主参数用最大车削直径的 1/100 表示，例如 C5112A 型单柱立式车床的最大车削直径为 1200mm。

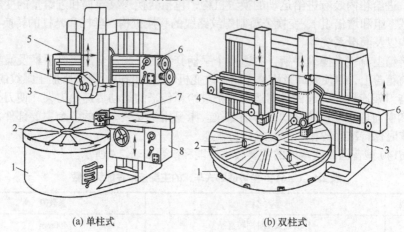

(a) 单柱式　　　　　　　　　　(b) 双柱式

图 2.4　立式车床外形图

1—床身；2—工作台；3—立柱；4—垂直刀架；5—横梁；6—垂直刀架进给箱；7—侧刀架；8—侧刀架进给箱

由于立式车床的工作台处于水平位置，因此对笨重工件的装卸和找正都比较方便，工件和工作台的质量比较均匀地分布在导轨面和推力轴承上，有利于保持机床的工作精度和提高生产率。

2.3.2　磨床

磨床是用磨料模具（如砂轮、砂带、磨石、研磨料等）为工具进行切削加工的机床。磨床是应精加工和硬表面加工的需要发展起来的，目前也有少数应用于粗加工的高效磨床。

为了适应磨削各种加工表面、工件形状及生产批量的要求，磨床的种类很多，其中主要类型有：

① 外圆磨床　这种磨床有万能外圆磨床、宽砂轮外圆磨床等，主要用于磨削圆柱形和圆锥形外表面。工件一般装夹在头架和尾座顶尖间进行磨削。

② 内圆磨床　这种磨床主要用于磨削圆柱形和圆锥形内表面，砂轮主轴一般水平布置。

③ 无心磨床　这种磨床工件采用无心夹持，一般支承在导轮和托架之间，由导轮驱动工件旋转，主要用于磨削圆柱形表面。

④ 平面磨床　这种磨床主要有卧轴矩台平面磨床、立轴矩台平面磨床、卧轴圆台

平面磨床、立轴圆台平面磨床等类型，主要用于磨削工件的各种平面。

⑤ 导轨磨床 这种磨床主要用于磨削机床各种形状导轨面。

⑥ 砂带磨床 是用快速运动的柔性砂带磨削各种表面的磨床，特别适用于只对工件表面粗糙度提出要求的磨削加工，具有很高的磨削效率。

⑦ 工具磨床 这种磨床有万能工具磨床、工具曲线磨床及各种刀刃磨床等，主要用于磨削各种工具。

其他还有珩磨机、研磨机、轴承磨床、凸轮轴磨床、中心孔磨床等。

下面介绍几种典型的磨床。

（1）M1432A 型万能外圆磨床

M1432A 型万能外圆磨床（如图 2.5 所示）主要用于磨削圆形或圆锥形的外圆和内孔，也能磨削阶梯轴的轴肩和端平面，其主参数以工件最大磨削直径的 1/10 表示。这种磨床属于普通精度级，通用性较大，而且自动化程度不高，磨削效率较低，所以适用于工具车间、机修车间和单件、小批量生产的车间。

M1432A 型万能外圆磨床的主要组成部件介绍如下。

① 床身 1：磨床的基础支承件，上面装有砂轮架 4、工作台 8、头架 2、尾座 5 等，使它们在工作时保持准确的相对位置。床身内部有油箱和液压系统。

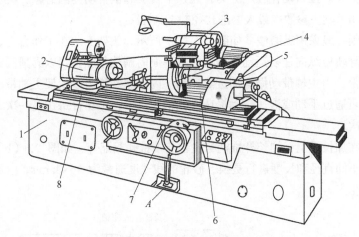

图 2.5 M1432A 型万能外圆磨床

1—床身；2—头架；3—内圆磨具；4—砂轮架；5—尾座；6—滑鞍；7—手轮；8—工作台

② 头架 2：用于装夹工件并带动工件旋转。在水平面内可绕垂直轴线转动一定角度，以磨削短圆锥面或小平面。

③ 工作台 8：由上下两层组成。上工作台可相对于下工作台在水平面内旋转一个不大的角度以磨削锥度较小的长圆锥面；下工作台的台面上装有支承工件的头架 2 和尾座 5，它们随下工作台一起，沿床身导轨做纵向往复运动。

④ 砂轮架 4：用来支承并带动砂轮随主轴高速旋转。砂轮架装在滑鞍上，利用进给

机构实现横向进给运动。当需要磨削短圆锥面时,砂轮架可绕垂直轴线转动一定角度。

⑤ 内圆磨具 3:用于支承并带动磨削内孔的砂轮随主轴旋转。该主轴由单独的电机驱动。

⑥ 尾座 5:尾座上的后顶尖和头架的前顶尖一起支承工件。

(2)外圆磨床

外圆磨床的结构与万能外圆磨床基本相同,所不同的是:
① 头架和砂轮架不能绕轴心在水平面内调整角度位置;
② 头架主轴直接固定在箱体上不能转动,工件只能用顶尖支承进行磨削;
③ 不配置内圆磨头装置。

因此,外圆磨床的工艺范围较窄,但由于减少了主要部件的结构层次,头架主轴又固定不转,故机床及头架主轴部件的刚度高,工件的旋转精度好。这种磨床适用于中批及大批量生产中磨削外圆柱面、锥度不大的外圆锥面及阶梯轴轴肩等。

(3)内圆磨床

内圆磨床有普通内圆磨床、无心内圆磨床和行星内圆磨床等多种类型,用于磨削圆柱孔和圆锥孔。按自动化程度分为普通、半自动和全自动内圆磨床三类。普通内圆磨床比较常用,其主参数以最大磨削孔径的 1/10 表示。

内圆磨削一般采用纵磨法,如图 2.6(a)所示,头架安装在工作台上,可随同工作台沿床身导轨做纵向往复运动,还可在水平面内调整角度位置以磨削圆锥孔。工件装夹在头架上,由主轴带动做圆周进给运动。内圆磨砂轮由砂轮架主轴带动做旋转运动,砂轮架可通过手动或液压传动沿床鞍做横向进给,工作台每往复一次,砂轮架做横向进给一次。

砂轮装在加长杆上,加长杆锥柄与主轴前端锥孔相配合,如图 2.6(b)所示,可根据磨孔的不同直径和长度进行更换,砂轮的线速度通常为 15~25m/s,这种磨床适用于单件小批生产。

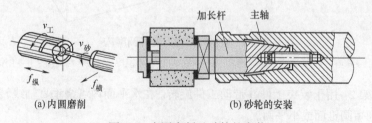

(a)内圆磨削 (b)砂轮的安装

图 2.6 内圆磨削及砂轮的安装

(4)平面磨床

平面磨床用于磨削各种零件的平面。根据砂轮的工作面不同,平面磨床可分为用砂轮轮缘（即圆周）进行磨削和用砂轮端面进行磨削两类。用砂轮轮缘磨削的平面磨床，砂轮主轴常处于水平位置（卧式）；而用砂轮端面磨削的平面磨床，砂轮主轴常为立式的。根据工作台的形状不同，平面磨床又可分为矩形工作台和圆形工作台两类。所以，根据砂轮工作面和工作台形状的不同，平面磨床主要有四种类型：卧轴矩台平面磨床、卧轴圆台平面磨床、立轴矩台平面磨床和立轴圆台平面磨床，其中卧轴矩台平面磨床和立轴圆台平面磨床最为常见。

2.3.3 钻床

钻床是加工孔的主要机床。在钻床上主要用钻头进行钻孔。在车床上钻孔时，工件旋转，刀具做进给运动，而在钻床上钻孔时，工件不动，刀具做旋转主运动，同时沿轴向移动做进给运动。钻床适用于加工外形较复杂、没有对称回转轴线的工件上的孔，尤其是多孔加工，例如加工箱体、机架等零件上的孔。除钻孔外，在钻床上还可完成扩孔、铰孔、锪平面以及攻螺纹等，其加工方法如图2.7所示。

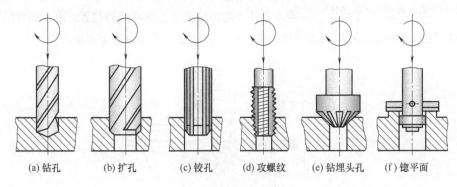

(a) 钻孔　(b) 扩孔　(c) 铰孔　(d) 攻螺纹　(e) 钻埋头孔　(f) 锪平面

图2.7　钻床的加工方法

钻床的主参数是最大钻孔直径。根据用途和结构的不同，钻床可分为：立式钻床、台式钻床、摇臂钻床、深孔钻床以及中心孔钻床等。

（1）立式钻床

图2.8所示为立式钻床的外形图。立式钻床主要由变速箱、进给箱、主轴、工作台、立柱、底座等部件组成。加工时工件直接或通过夹具安装在工作台上，主轴的旋转运动由电动机经变速箱传动。加工时主轴既做旋转的主运动，又做轴向的进给运动。

工作台和进给箱可沿立柱上的导轨调整上下位置，以适应在不同高度的工件上进行钻削加工。当加工完一个孔再钻另一个孔时，需要移动工件，使刀具与另一个孔对准，这对大而重的工件来说操作很不方便，生产率也不高，因此立式钻床不适于加工大型件，常用于单件、小批生产加工中小型工件。

（2）台式钻床

台式钻床简称台钻，是一种主轴垂直布置的小型钻床，钻孔直径一般在 15mm 以下。由于加工孔径较小，台钻主轴的转速可以很高。台钻小巧灵活，使用方便，但一般自动化程度较低，适用于单件、小批生产中加工小型零件上的各种孔。

（3）摇臂钻床

摇臂钻床是一种摇臂可绕立柱回转和升降，主轴箱又可在摇臂上做水平移动的钻床，如图 2.9 所示。对于大而重的工件，在立式钻床上加工很不方便，此时希望工件不动而主轴移动，使主轴能在空间任意调整位置，对准被加工孔的中心，因此就产生了摇臂钻床。机床主轴箱 5 可沿摇臂 4 的导轨做横向移动调整位置，摇臂可沿外立柱 3 的圆柱面上下移动调整位置。由于摇臂钻床

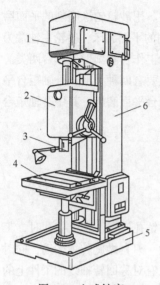

图 2.8 立式钻床

1—变速箱；2—进给箱；3—主轴；
4—工作台；5—底座；6—立柱

结构上的这些特点，可以很方便地调整主轴 6 的位置，而工件固定不动。

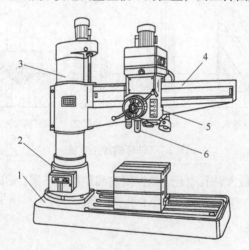

图 2.9 摇臂钻床外形图

1—底座；2—工作台；3—立柱；4—摇臂；5—主轴箱；6—主轴

（4）其他钻床

深孔钻床是用特制的深孔钻头专门加工深孔的钻床，如加工炮筒、枪管和机床主轴等零件中的深孔。为避免机床过高和便于排除切屑，深孔钻床一般采用卧式布局。

为获得好的冷却效果，在深孔钻床上配有周期退刀排屑装置及切削液输送装置，使切削液由刀具内部输入至切削部位。

2.3.4 铣床

铣床是用铣刀进行铣削加工的机床。通常铣削的主运动是铣刀旋转，工件或铣刀的移动为进给运动，这有利于采用高速切削，生产率比刨床高。铣床适用的工艺范围较广，可加工各种平面、台阶、沟槽、螺旋面等。

铣床的主要类型有升降台式铣床、床身式铣床、龙门铣床、工具铣床、仿形铣床以及近年来发展起来的数控铣床等。

（1）升降台式铣床

升降台式铣床按主轴在铣床上布置方式的不同，分为卧式和立式两种类型。

① 卧式升降台铣床又称卧铣，是一种主轴水平布置的升降台铣床，如图2.10所示。在卧式升降台铣床上还可安装由主轴驱动的立铣头附件。

② 立式升降台铣床又称为立铣，如图2.11所示，主轴是垂直安装的，其余结构与卧式升降台铣床相似。立式铣床用的铣刀相对灵活一些，适用范围较广。

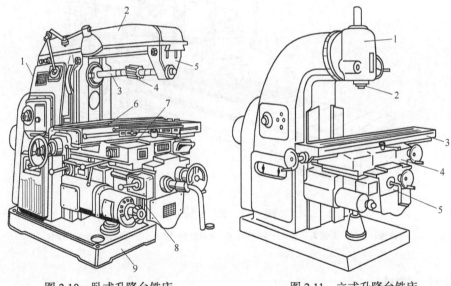

图2.10 卧式升降台铣床 　　　　图2.11 立式升降台铣床
1—床身；2—悬臂；3—铣刀心轴；4—铣刀；5—挂架；　　1—立铣头；2—主轴；3—工作台；
6—工作台；7—床鞍；8—升降台；9—底座　　　　　　　4—床鞍；5—升降台

卧式铣床不如立式铣床方便，主要是因为卧式铣床需要使用挂架增强刀具（主要是三面刃铣刀、片状铣刀等）强度，可铣槽、铣平面、切断等。卧式铣床一般都带立铣头，虽然立铣头的功能和刚性不如立式铣床强大，但足以满足立铣加工的要求，使得卧式铣床总体功能比立式铣床强大。立式铣床没有此特点，不能加工适合卧铣的工件，但生产率要比卧式铣床高。

（2）龙门铣床

龙门铣床是具有门式框架和卧式长床身的铣床，由立柱和横梁构成门式框架，横梁可沿两立柱导轨做升降运动。横梁上有 1~2 个带垂直主轴的铣头，可沿横梁导轨做横向运动。两立柱上还可分别安装一个带有水平主轴的铣头，它可沿立柱导轨做升降运动。这些铣头可同时加工几个表面。每个铣头都具有单独的电动机（功率最大可达150kW）、变速机构、操控机构和主轴部件等。加工时，工件安装在工作台上并随之做纵向进给运动。大型龙门铣床（工作台规格为 6m×22m）的总质量达 850t，主要用来加工大型工件上的平面和沟槽，是一种大型高效通用铣床，如图 2.12 所示。龙门铣床刚度高，可多刀同时加工多个工件或表面，生产率高，适用于成批大量生产。

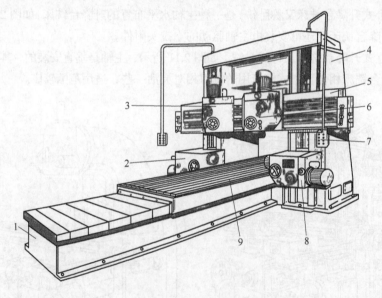

图 2.12 龙门铣床

1—床身；2, 8—卧铣头；3, 6—立铣头；4—立柱；5—横梁；7—控制器；9—工作台

2.3.5 镗床

镗床是用旋转的镗刀在工件上切削已有预制孔的机床。镗削加工时，工件装夹在工作台上，镗轴带动镗刀做旋转主运动，进给运动可由镗轴带动镗刀做轴向移动来实

现，或者由工作台带动工件移动来实现。另外，镗床也可以进行钻床上的一些加工，还可以用铣刀铣削平面等，因此镗床的工艺范围较广，尤其适用于尺寸较大的箱体类工件的孔或孔隙加工，而且精度较高。镗床类机床主要有卧式铣镗床、坐标镗床、精镗床，此外还有深孔镗床、立式镗床和汽车、拖拉机修理用镗床等。

图2.13所示为卧式镗床，加工时，镗刀安装在镗轴4前端的锥孔中或装在平旋盘5上，由主轴箱8获得各种转速和进给量。主轴箱8可沿前立柱7的导轨上下移动，以实现垂直进给运动或调整镗轴轴线的位置。工件安装在工作台3上，与工作台一起随上滑座11或下滑座12做横向或纵向移动。工作台还可在上滑座的圆导轨上绕垂直轴线转位，以便加工相互成一定角度的孔或平面。装在主轴上的镗刀不仅完成旋转主运动，还可沿轴向移动做进给运动。当镗杆悬伸长度较长时，用后支架1来支承它的悬伸端，以增加刚性。后支架1可沿后立柱2的垂直导轨与主轴箱8同步升降，以保证其支承孔与主轴在同一轴线上。后立柱还可沿床身导轨调整纵向位置，以适应不同长度镗杆的需求。当刀具装在平旋盘5上的径向刀架上时，径向刀架带着刀具做径向进给，可车削端面。

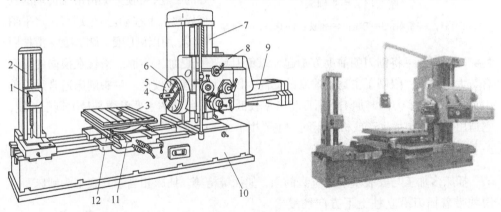

图2.13 卧式镗床

1—后支架；2—后立柱；3—工作台；4—镗轴；5—平旋盘；6—径向刀具溜板；7—前立柱；
8—主轴箱；9—后尾筒；10—床身；11—上滑座；12—下滑座

2.3.6 刨削类机床

刨削类机床主要有牛头刨床、龙门刨床和插床三种类型。刨床和插床因主运动都是直线运动，故又称为直线运动机床。刨床主要用于加工各种平面和沟槽，插床主要用于插削槽、平面和成形表面。当工件的尺寸和质量较小时，刀具的移动实现主运动，工件的移动完成进给运动，如牛头刨床和插床。当工件大而重时，由工作台带动工件做直线往复运动实现主运动，由刀具的移动完成进给运动，如龙门刨床。

（1）牛头刨床

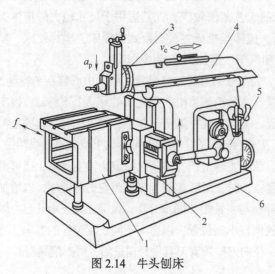

图 2.14　牛头刨床

1—工作台；2—滑座；3—刀架；4—滑枕；5—床身；6—底座

牛头刨床（如图 2.14 所示）主要由工作台、滑枕、床身、底座、刀架等部分组成，底座 6 上装有床身 5。牛头刨床工作时，装有刀架的滑枕 4 由床身 5 内部的摆杆带动，滑枕 4 带着刀架 3 沿床身导轨在水平方向上做往复直线运动，使刀具实现主运动，工作台 1 带着工件做间歇的横向进给运动。滑座 2 可在床身上升降，以适应不同的工件高度。刀具安装在刀架 3 前端的抬刀板上，转动刀架上方的手轮，可使刀架沿滑枕前端的垂直导轨上下移动。刀架还可沿水平轴偏转，用以刨削侧面和斜面。滑枕回程时，抬刀板可将刨刀朝前上方抬起，以免刀具擦伤已加工表面。滑枕在换向的瞬间有较大的惯量，限制了主运动速度的提高，因此切削速度较低。牛头刨床通常采用单刀加工，不能多刀同时加工，所以生产率较低。牛头刨床的主要参数是最大刨削长度，它适用于单件小批生产或机修车间，主要用于加工中小型零件。

（2）插床

插床多加工与安装基准面垂直的面，如插键槽等。插床相当于立式牛头刨床，由滑枕带着插刀沿立柱上下方向往复运动实现主运动，工件安装在圆工作台上。上滑座和下滑座可带动工件做纵向和横向进给运动。圆工作台还可做分度运动，以插削按一定角度分布的几条键槽。插床主要用于单件小批量生产中插削槽、平面和成形表面。

（3）龙门刨床

当需要加工大型或重型零件上的平面、沟槽和各种导轨面时，因牛头刨床的滑枕行程有限，需要具有龙门式布局的龙门刨床。图 2.15 所示为龙门刨床的外形图，主要由顶梁 5、立

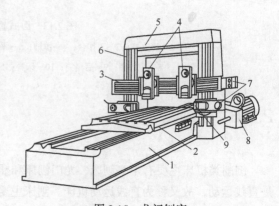

图 2.15　龙门刨床

1—床身；2—工作台；3—横梁；4—立刀架；5—顶梁；
6—立柱；7—进给箱；8—驱动机构；9—侧刀架

柱 6、床身 1、横梁 3 等组成，构成一个"龙门"式框架。工作台 2 可在床身上做纵向直线往复运动，使刀具实现主运动。两个立刀架 4 可在横梁 3 上做横向运动。两个侧刀架 9 可分别在两根立柱上做升降运动。龙门刨床的主要参数是最大刨削宽度。与牛头刨床相比，其体积大，结构复杂，刚性好，传动平稳，工作行程长，主要用来加工大型复杂零件的平面，或同时加工多个中、小型零件，加工精度和生产率都比牛头刨床高。

2.3.7 数控机床与加工中心

（1）数控机床

应用数字化信息实现自动控制的技术称为数字控制技术，简称数控。采用数控技术控制的机床就是数控机床。数控机床是按加工要求预先编制程序，由计算机数字控制系统发出数字信息指令来控制机床各个执行件，使之按顺序和要求加工出所需工件的自动化机床。数控机床综合应用了计算机技术、自动控制、精密测量和机床结构设计等的最新成就，较好地解决了复杂、精密、小批量、多品种的零件加工问题，是一种柔性的、高效能的自动化机床。数控机床满足了社会生产日益发展的需求，代表了现代机床技术的发展方向。

1）数控机床的特点

与普通机床相比，数控机床具有以下特点：

① 柔性高　数控机床加工零件主要取决于加工程序，它与普通机床不同，不必制造或更换诸多夹具，不需要经常调整机床。因此，数控机床适于所加工零件频繁更换的场合，亦即适合单件、小批量产品的生产及新产品的开发，从而缩短了生产准备周期，节省了大量工艺装备的费用。

② 加工精度高　数控机床是通过数字信号控制的，数控装置每输出一脉冲信号，机床移动部件移动一脉冲当量（一般为 0.001mm），而且机床进给传动链的反向间隙与丝杠螺距平均误差可由数控装置进行补偿，因此数控机床定位精度比较高。

③ 加工质量一致性好　在同一机床加工同一批零件，在相同的加工条件下，使用相同刀具和加工程序，刀具的走刀轨迹完全相同，零件的一致性好，质量稳定。

④ 生产率高　数控机床可有效地减少零件的加工时间和辅助时间，数控机床的主轴转速和进给量范围大，允许机床进行大切削量的强力切削。另外，数控机床配上刀库后可实现在一台机床上进行多道工序的连续加工，减少了半成品的工序间周转时间，提高了生产率。

⑤ 改善劳动条件　数控机床加工是调整好后，输入程序并启动，机床就能自动连续地进行加工，直至加工结束。操作者要做的只是程序输入、编辑、零件装卸、刀具准备、加工状态的观测、零件的检验等工作，劳动强度大大降低。

2）数控机床的分类

① 按机床类型可分为数控车床、数控铣床、数控钻镗床、数控磨床等。

② 按机床控制运动的方式可分为点位控制、直线控制和轮廓控制数控机床。

③ 按伺服系统控制方式可分为开环、闭环和半闭环控制数控机床。

④ 按数控功能水平可分为高、中、低（经济型）三类数控机床。

(2) 加工中心

加工中心是具有刀库和自动换刀装置的数控机床，能够在一定范围内对工件进行多工序加工。加工中心的综合加工能力较强（主要体现在它把铣削、镗削、钻削等功能集中在一台设备上），工件在一次装夹后，按照不同的工序自动选择和更换刀具，自动改变机床主轴转速、进给量和刀具相对工件的运动轨迹及其他辅助功能完成较多的加工内容，加工效率和加工精度均较高。

加工中心适于加工形状复杂、工序多、精度要求较高、需要多种类型的普通机床和众多刀具夹具且经多次装夹和调整才能完成加工的零件。其加工的主要对象有箱体类零件，盘、套、板类零件，外形不规则零件，复杂曲面，刻线、刻字、刻图案以及其他特殊加工。与其他机床相比，加工中心具有如下特点：

① 零件加工的适应性强、灵活性好，能加工轮廓形状特别复杂或难以控制尺寸的零件，如模具类零件、壳体类零件等。

② 加工质量稳定可靠，加工精度高，重复精度高。

③ 能加工其他机床无法加工或很难加工的零件，如用数学模型描述的复杂曲线零件以及三维空间曲面类零件。

④ 能加工一次装夹定位后，需进行多道工序加工的零件。

⑤ 多品种、小批量生产情况下生产率较高，能减少生产准备、机床调整和工序检验的时间，而且由于使用最佳切削量而减少了切削时间。

⑥ 生产自动化程度高，可以减轻操作者的劳动强度，有利于生产管理自动化。

加工中心按主轴在加工时的空间位置分为卧式、立式和万能加工中心。下面以图2.16 所示的 VMC850Q 型立式加工中心为例进行介绍。

图 2.16　VMC850Q 型立式加工中心

VMC850Q 型立式加工中心主要用于加工板类、盘类、壳体、模具等精度高、工序多、形状复杂的零件，可在一次装夹中连续完成铣、钻、扩、铰、镗、攻螺纹及二维、三维曲面、斜面的精确加工，加工实现程序化，缩短了生产周期，能够获得良好的经济效益。

1）机床主要结构及技术特点

① 机床总体布局及结构特点　VMC850Q 型立式加工中心采用立式框架布局，采用人字型立柱固定在床身上，主轴箱沿立柱上下（Z向）移动、滑座沿床身纵向（Y向）移动、工作台沿滑座横向（X向）移动的结构。床身、工作台、滑座、立柱、主轴箱等大件均采用高强度铸铁材料，造型为树脂砂工艺，经时效处理和退火处理消除应力。这些大件均采用专业软件优化设计，提高了大件和整机的刚度和稳定性，有效抑制了切削力引起的机床变形和振动。

② 拖动系统　X、Y、Z 轴导轨副采用滚柱直线导轨，机床承载力大，刚性高，动静摩擦力小，灵敏度高，高速振动小，低速无爬行，定位精度高，伺服驱动性能优，提高了机床的精度和精度稳定性。X、Y、Z 轴伺服电机经弹性联轴器与高精度滚珠丝

杠直连，减少中间环节，实现无间隙传动，丝杠采用两端固定方式，配合预拉伸丝杠，进给灵活，定位准确，传动精度高。Z轴伺服电机带有自动抱闸功能，在断电的情况下，能够自动抱闸将电机轴抱紧，使之不能转动，起到安全保护的作用。

③ 主轴组　主轴组由专业厂家生产，具有高精度、高刚性，如图2.17所示。轴承采用P4级主轴专用轴承，整套主轴在恒温条件下组装完成后，均通过动平衡校正及跑合测试，提高了整套主轴的使用寿命及可靠性。主轴在其转速范围内可实现无级调速，主轴采用电机内置编码器控制，可实现主轴定向和刚性攻螺纹功能。

④ 刀库　采用圆盘式刀库，如图2.18所示，安装在立柱侧面，换刀时刀盘由滚子凸轮机构驱动及定位，主轴到达换刀位置后，由机械手换刀装置（ATC）完成还刀和送刀，ATC为滚齿凸轮机构，经过预压后能够高速无噪声运转，使换刀过程快速准确。

⑤ 切削冷却系统　配备大流量冷却泵及大容量水箱，充分保证循环冷却，冷却泵功率为0.75kW，压力为3bar（1bar=0.1MPa）。主轴箱端面配有冷却喷嘴，如图2.19所示，既可以水冷又可以风冷，并且随意切换，冷却过程可以通过M代码或控制面板进行控制。同时配置清洁气枪，用来清洁机床。

图2.17　主轴

图2.18　刀库

图2.19　冷却喷嘴

⑥ 气动系统　气源处理能够过滤气源中的杂质和水分，防止不纯净的气体损伤和腐蚀机床部件。电磁阀组通过PLC程序控制，保证主轴松刀、主轴中心吹气、主轴夹刀、主轴风冷等动作能够快速准确地完成。

⑦ 润滑系统　导轨、滚珠丝杠副均采用中央集中自动稀油润滑，各个节点配有定量式分油器，定时定量向各润滑部位注油，保证各滑动面均匀润滑，有效地减小了摩擦阻力，提高了运动精度，保证了滚珠丝杠副和导轨的使用寿命。

⑧ 排屑系统　加工过程中产生的铁屑直接落到床身和防护间，床身采用大斜度排屑槽，床身曲面和防护间倾斜结构使铁屑在切削液冲击下很顺利地滑落到水箱中，定期清理水箱，简单实用而且经济性好。同时配有手持式气枪，可以人工清除工件及工作台上的铁屑，操作方便，简单实用，清除效果好。

⑨ 机床防护　机床采用符合安全标准的防护间，既防止冷却液飞溅，又保证操作安全、外观宜人。机床各导轨均有防护罩，防止切屑、冷却液进入机床内部，使导轨和滚珠丝杠免受磨损和腐蚀。

⑩ 电气系统　机床电气设计符合电气标准GB 5226.1—2008。电路的动力回路均有过流、短路保护，机床相关动作都有相应的互锁，以保障设备和人身安全。电气系统具有自诊断功能，操作及维修人员可根据指示灯及显示器等随时观察机床各部分的运行状态。主要电气元件选用高质量产品，从而确保机床的安全性、可靠性。

采用封闭式电箱，电箱采用热交换器进行散热，确保电气设备正常工作。电箱采用槽板布线结构，元件布置及布线合理、整齐、美观，便于维修。电箱内预留一定空间以便于扩展功能。采用转轴式操纵控制箱，方便机床的设置与操作。

机床具有报警装置及紧急停止按钮，可防止各种突发故障给机床造成损坏。由于软件的合理设计，报警可通过显示器显示文字及报警号。机床根据不同情况将报警的处理方式分为三类：对紧急报警实行"急停"；对一般报警实行"进给保持"；对操作错误只进行"提示"。

⑪ 数控转台 数控转台垂直主轴安装于工作台面上，作为机床第四轴，实现工件不下料的连续翻转加工。转台使用蜗轮蜗杆结构，可长时间维持精密的精度分割。转台内部采用1：90的齿数比，可满足机床高速翻转加工的需求。转台中心大孔型设计，可让工件直接穿入转台，节省工件的材料成本。

2）机床主要技术参数及精度（表2.5）

表2.5 VMC850Q型立式加工中心主要技术参数及精度

名称			技术参数及精度	单位
工作台	工作台尺寸		1000×500	mm
	允许最大荷重		600	kg
	T形槽尺寸		18×5	mm×个
加工范围	工作台最大行程（X轴）		850	mm
	滑座最大行程（Y轴）		500	mm
	主轴最大行程（Z轴）		540	mm
	主轴端面至工作台面距离	最大	660	mm
		最小	120	mm
	主轴中心到导轨基准面距离		640	mm
主轴	锥孔（7：24）		BT40	
	最高转速		10000	r/min
	最大输出扭矩		35.8/70（S2 15分）	N·m
	主轴电机功率		7.5/11	kW
	主轴传动方式		同步齿形带	
刀具	刀柄型号		MAS 403 BT40	
	拉钉型号		MAS 403 40BT-I	
进给	快速移动	X轴	48	m/min
		Y轴	48	
		Z轴	48	
	三轴拖动电机功率（X/Y/Z）		1.8/1.8/3	kW

续表

名称		技术参数及精度	单位
进给	三轴拖动电机扭矩（$X/Y/Z$）	11/11/20	N·m
	进给速度	1~20000	mm/min
刀库	刀库形式	机械手	
	选刀方式	双向就近选刀	
	刀库容量	24	把
	最大刀具长度	300	mm
	最大刀具重量	7	kg
	最大刀盘直径　满刀	$\phi 80$	mm
	相邻空刀	$\phi 150$	mm
	换刀时间	2.5	s
冷却排屑	冷却泵压力	3	bar
	冷却泵流量	30	L/min
	水箱容量	200	L
	排屑器形式	水箱	
工作台台面距地脚安置面高度		880	mm
机床重量		4500	kg
电气总容量		18	kVA
机床轮廓尺寸（长×宽×高）（是否含排屑器）		2400×2560×2700（不含）	mm

机床重量仅供参考，最终重量以机床装箱单为准。

练习题

一、判断题

（　）1. 机床的主运动都是回转运动。

（　）2. 机床的主参数用两位十进制数并以折算值表示。

（　）3. 机床的进给运动就是辅助运动。

（　）4. 龙门刨床的主运动是刨刀的往复直线运动。

（　）5. 在机床上加工零件时，主运动的数目可能不止一个。

二、简答题

什么是主运动？什么是进给运动？各自有何特点？

第3章

机械制造工艺基础

3.1 概述

3.1.1 生产过程与工艺过程

（1）生产过程

机械产品的生产过程是指从原材料（或半成品）开始直到制造成为产品的各个相互联系的全部劳动过程的总和。包括生产组织准备、原材料准备、原材料保管运输、毛坯制造、把毛坯加工成零件、机器装配、工艺装备等的制造、维修等生产技术准备工作。

（2）工艺过程

在生产过程中，凡是改变生产对象的形状、尺寸、位置和性质等，使其成为成品或半成品的过程都称为工艺过程。工艺过程又可分为铸造、锻造、冲压、焊接、机械加工、装配等。其他过程则称为辅助过程，例如统计报表、保管运输、动力供应、工具制造、设备维修等。生产过程关系如图 3.1 所示。

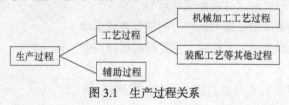

图 3.1 生产过程关系

3.1.2 工艺过程的组成

（1）工序

一个工人或一组工人，在一个工作地点对同一工件或同时对几个工件连续完成的那一部分工艺过程，称为工序。它包括在这个工件上连续进行的直到转向加工下一个工件为止的全部动作。例如，在车床上加工一批轴，可以先对整批轴进行粗加工，然后再依次对它们进行精加工，这时，加工连续性中断，虽然加工是在同一工作地点进行的，但包括两个工序。工序是工艺过程划分的基本单元，也是制订生产计划、进行经济核算等的基本单元。

（2）安装

在完成机械加工的工序中，使工件在机床或夹具中占据某一正确位置并被夹紧的过程称为装夹。有时，工件在机床上需经过多次装夹才能完成一个工序的工作内容。工件在一次装夹后所完成的那一部分工序称为安装。例如，在车床上加工轴，首先从一端加工出部分表面，然后掉头再加工另一端，此工序内容就包括两个安装。从减小装夹误差以及减小装夹工件所花费的时间来考虑，应尽量减少安装的次数。

（3）工位

在一次安装后，工件在机床上所占据的每一个位置称为一个工位。为了减少工件的安装次数，常采用多工位夹具或多轴机床，使工件在一次装夹后顺次处于几个不同的位置进行加工。图3.2所示是在三轴钻床上利用回转工作台按四个工位，连续完成工件的一个装卸钻孔。扩孔和铰孔采用多工位加工，可提高生产效率，并保证被加工表面的相互位置精度。

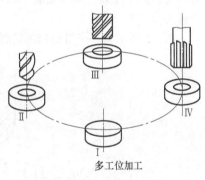

图 3.2 多工位加工图

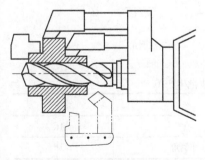

图 3.3 复合工步

（4）工步

在加工表面、加工工具、进给量和切削速度都不变的情况下，连续完成的那部分工艺过程称为一个工步。其中，只要有一个因素变化就变成另一个工步，一个安装或工位中可能有几个工步。有时为了提高生产效率，经常把几个待加工表面用几把刀具同时进行加工，这时可以看作是一个工步，并称为复合工步，如图3.3所示。

（5）走刀

走刀也可以称为工作行程。切削刀具在加工表面上切削一次所完成的工步内容称为一次走刀。一个工步可包括一次或几次走刀。走刀是构成工艺过程的最小单元，当需要切去的金属层很厚，不能在一次走刀下切完时，则需要分几次走刀。图3.4所示是由棒料车削加工成阶梯轴的多次走刀，第一工步加工余量不大，走刀一次；第二工步加工余量较大，走刀两次。

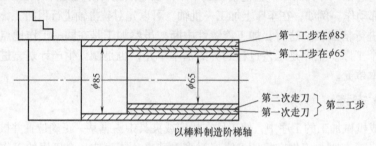

图3.4 阶梯轴的多次走刀

综上分析可知，零件的机械加工工艺过程由若干工序组成。在一个工序中可能包含一个或几个安装，每一安装中又可能包含一个或几个工步，每一工步中可能包含一个或几个走刀。

图3.5所示为一个带键槽的阶梯轴。对于成批生产，加工过程如表3.1所示。

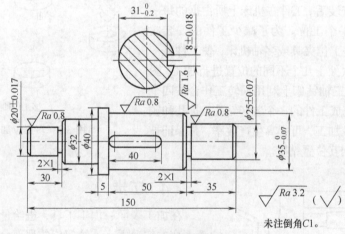

图3.5 阶梯轴简图

表3.1 阶梯轴加工工艺过程（成批生产）

工序号	工序内容	设备
1	铣端面，钻中心孔	车床
2	车一端外圆（留余量），车退刀槽，车倒角	车床

续表

工序号	工序内容	设备
3	车另一端外圆（留余量）、车退刀槽，车倒角	车床
4	铣键槽	铣床
5	去毛刺	钳工台
6	磨外圆	磨床

对于单件生产，加工过程如表 3.2 所示。

表 3.2　阶梯轴加工工艺过程（单件生产）

工序号	工序内容	设备
1	车端面，打中心孔，车外圆（留余量），车退刀槽，车倒角	车床
2	铣键槽，去毛刺	铣床
3	磨外圆	磨床

3.2　机械加工工艺规程设计的内容和步骤

常见的机械加工工艺规程设计步骤如下：
① 研究和分析零件的工作图；
② 根据零件的生产纲领确定零件的生产类型；
③ 确定毛坯的种类；
④ 拟定零件加工的工艺路线；
⑤ 机床及工艺装备的选择；
⑥ 确定各工序的加工余量、工序尺寸及公差；
⑦ 确定各工序的切削用量及工时定额；
⑧ 技术经济分析；
⑨ 填写工艺文件。

3.2.1　研究和分析零件的工作图

首先明确零件在产品中的作用、地位和工作条件，并找出其主要的技术要求和规定依据，然后对零件图进行工艺审查。审查具体内容包括：
① 零件图上的视图是否完整和正确；
② 零件图上所标注的技术要求、尺寸、表面粗糙度和公差是否齐全、合理；

③ 零件的结构是否便于加工、便于装配和便于提高生产效率；
④ 零件材料是否立足于国内而且资源丰富又容易加工。

3.2.2 根据零件的生产纲领确定零件的生产类型

（1）生产纲领

零件的生产纲领是包括备品和废品在内的零件的年产量。它是工艺规程编制重要依据。零件的生产纲领可按式（3-1）计算：

$$N = Qn(1+a)(1+b) \tag{3-1}$$

式中　N——零件的生产纲领（件/年）；
　　　Q——产品的年产量（台/年）；
　　　n——每台产品中该零件的数量（件/台）；
　　　a——备品率；
　　　b——废品率。

（2）生产类型及其工艺特点

根据产品的尺寸大小和特征、年生产纲领、批量及投入生产的连续性，生产类型可分为单件生产、成批生产和大量生产。生产纲领与生产类型的关系如图3.3所示。

表3.3　生产纲领与生产类型的关系

生产类型	零件年生产纲领/（件/年）		
	重型零件	中型零件	轻型零件
单件生产	<5	<10	<100
小批生产	5~100	10~200	100~500
中批生产	100~300	200~500	500~5000
大批生产	300~1000	500~5000	5000~50000
大量生产	>1000	>5000	>50000

① 单件生产　产品种类很多，同一种产品的数量不多，生产很少重复，此种生产称为单件生产。例如重型机械、造船业等一般属于单件生产。

② 成批生产　成批制造相同零件的生产称为成批生产。批量可根据零件的年产量及一年中的生产批数计算确定。一年中的生产批数需根据零件的特征、流动资金的周转速度、仓库容量等具体情况确定。按照批量多少和被加工零件自身的特性，成批生产又分为小批生产、中批生产和大批生产。小批生产接近单件生产，大批生产接近大量生产，中批生产介于单件生产和大量生产之间。

③ 大量生产　产品的品种较少，数量很大，每台设备经常重复地进行某一工件的某一工序的生产，此种生产称为大量生产。例如汽车、轴承等的制造。

各种生产类型的工艺过程特点如表 3.4 所示。

表 3.4 各种生产类型的工艺过程特点

工艺过程特点	生产类型		
	单件生产	成批生产	大量生产
工件的互换性	一般是配对制造，没有互换性，广泛用钳工修配	大部分有互换性，少数用钳工修配	全部有互换性。某些精度较高的配合件用分组选择装配法
毛坯制造方法与加工余量	铸件用木模手工造型，锻件用自由锻。毛坯精度低，加工余量大	部分铸件用金属模，部分锻件用模锻。毛坯精度中等，加工余量中等	广泛采用机器造型、模锻或其他少切削及高效率毛坯生产工艺；毛坯精度高，加工余量少
机床设备	通用机床或数控机床，或加工中心	数控机床、加工中心或柔性制造单元。设备条件不够时，也采用部分通用机床、部分专用机床	专用生产线、自动生产线、柔性制造生产线或数控机床
夹具	通用的夹具	采用专用夹具、可调整夹具	专用、高效夹具
刀具、量具	通用刀具和量具	刀具和量具部分通用、部分专用	专用、高效刀具和量具
对工人的要求	需要技术熟练的工人	需要有一定熟练程度的工人和编程技术人员	对操作工人的技术要求较低，对生产线维护人员素质要求较高
工艺文件	只编制简单的工艺过程卡片	除有较详细的工艺过程卡外，对重要零件的关键工序需有详细说明的工序操作卡	详细编制工艺规程和各种工艺文件
生产效率	低	中	高
成本	高	中	低

3.2.3 确定毛坯的种类

毛坯种类的确定是与零件的结构形状、尺寸大小、材料的力学性能和零件的生产类型直接相关的，另外还与毛坯车间的具体生产条件有关。

常用的机械零件毛坯种类如下：
① 铸件　铸件适宜做形状复杂的毛坯，如箱体、床身、机架等。常用材料有铸铁、

钢、铜、铝等,其中铸铁因成本低廉、吸振性好和容易加工而获得广泛应用。铸造方法有砂型铸造、精密铸造、特种铸造等。砂型铸造分为木模手工造型和金属模机器造型,木模手工造型铸件精度低,加工表面余量大,生产效率低,适用于单件小批量生产或大型零件的铸造;金属模机器造型生产效率高,铸件精度高,但铸件费用高,铸件的质量也受到限制,适用于大批量生产的中小铸件。另外,少量质量要求较高的小型铸件可采用特种铸造(如压力铸造、离心制造和熔模铸造等)。

② 锻件　锻件适于做强度和力学性能要求高而形状较简单的零件的毛坯。锻件有自由锻造锻件和模锻件两种。自由锻造锻件可用手工锻打、机械锤锻或压力机压锻等方法获得。这种锻件的精度低,生产效率不高,加工余量较大,而且零件的结构必须简单,适用于单件和小批生产,以及制造大型锻件。模锻件的精度和表面质量都比自由锻件好,而且锻件的形状也较为复杂。模锻的生产效率比自由锻高得多,但需要特殊的设备和锻模,故适用于批量较大的中小型锻件。

③ 型材　型材包括各种圆、方棒料、板材、管材、型钢等。棒料常用在普通车床、六角车床及自动和半自动车床上加工轴类、盘类及套类等中小型零件。冷拉棒料比热轧棒料精度高且力学性能好,但直径较小。板料常用冷冲压的方法制成零件,但毛坯的厚度不宜过大。

④ 焊接件　焊接件是用焊接方法获得的结合件。焊接件的优点是制造简单、周期短、节省材料,缺点是抗振性差、变形大,需经时效处理后才能进行机械加工。

⑤ 冷冲压件　冷冲压毛坯可以非常接近成品要求,但因冲压模具昂贵而仅用于大量生产或成批生产。

⑥ 其他　粉末冶金制品、工程塑料制品、新型陶瓷等毛坯也有一定应用。

毛坯种类的选择主要依据下列因素:
① 设计图纸规定的材料及力学性能;
② 零件的结构形状与外形尺寸;
③ 生产纲领和生产类型;
④ 零件制造的经济性;
⑤ 充分考虑利用新工艺、新技术和新材料。

3.2.4　拟定零件加工的工艺路线

拟定零件加工的工艺路线是制订工艺过程的关键性一步,包括:定位基准的选择;零件表面的加工方法选择;加工阶段的划分;各表面的加工顺序的安排;工序集中或分散的确定;热处理及检验工序的安排;其他辅助工序的安排等。

(1) 定位基准的选择

1) 基准的分类

基准是确定生产对象上几何要素的几何关系所依据的那些点、线、面,可分为设计基准和工艺基准。基准的具体分类如图 3.6 所示。

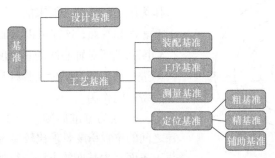

图 3.6　基准的分类

① 设计基准　零件图上用来确定各几何要素之间的尺寸及相互位置关系所依据的那些点、线、面。

② 工艺基准　零件在加工工艺过程中使用的基准。工艺基准可分为工序基准、定位基准、测量基准和装配基准。

a. 工序基准　在工序图上，用来确定本工序所加工表面的尺寸、形状和位置的基准。

b. 定位基准　在加工时用于工件定位的基准。定位基准又可分为粗基准、精基准和辅助基准。作为定位基准的表面，如是未经过加工的毛坯表面，则称为粗基准；如是经过加工的毛坯表面，则称为精基准；在零件上没有合适的表面可作为定位基准时，为便于装夹，要在工件上特意加工出专供定位用的表面作基准，这种定位基准称为辅助基准。例如零件的顶尖孔就是一种辅助基准。

c. 测量基准　零件检验时测量已加工表面尺寸和位置时所用的基准。

d. 装配基准　零件在装配时所用的基准。

如图 3.7 所示，对于这个钻套零件，轴线是各外圆和内孔的设计基准，端面 C 是端面 B、A 的设计基准。

2）基准的选择原则

定位基准选择的合理与否将直接影响所制订的零件加工工艺规程的质量，基准选择不当往往会增加工序，或使工艺路线不合理，或使夹具设计困难，甚至达不到零件的加工精度要求。

① 精基准的选择原则。

a. 基准重合原则　应尽可能选择所加工表面的设计基准为精基准，这样可以避免由于基准不重合引起的误差。

b. 基准统一原则　应尽可能选择用同一组精基准加工工件上尽可能多的表面，以保证所加工的各个表面之间具有正确的相对位置关系。

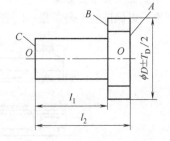

图 3.7　钻套零件的设计基准

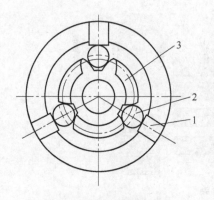

图 3.8　以齿面定位加工孔

1—卡盘；2—滚柱；3—齿轮

例如，加工轴类零件时，一般都采用两个顶尖孔作为统一的精基准面来加工轴类零件上的所有外圆表面和端面，这样可以保证各外圆表面间的同轴度和端面对轴心线的垂直度。采用基准统一原则进行加工还有减少夹具种类、降低夹具设计制造费用的作用。

c. 互为基准原则　当工件上两个加工表面之间的位置精度要求比较高时，可以采用两个加工表面互为基准的方法进行加工。例如，车床主轴前后支承轴颈与主轴锥孔间有严格的同轴度要求，常先以主轴锥孔为定位基准面磨主轴前、后支承轴颈表面，然后再以前、后支承轴颈表面为定位基准面磨主轴锥孔，最后达到图样上规定的同轴度要求。加工淬硬精密齿轮时，因其齿面淬硬层较浅，磨削余量应小而均匀。这就要先以齿面为基准磨内孔，再以孔为基准磨齿面，如图 3.8 所示。

d. 自为基准原则　一些表面的精加工工序，要求加工余量小而均匀，常以加工表面自身为精基准进行加工。

② 粗基准的选择原则。

a. 选重要表面作粗基准面　如果必须首先保证工件某重要表面的余量均匀，就应该选择该表面作为粗基准面。车床导轨面的加工就是这样的例子，导轨面是车床床身的主要表面，精度要求高，并且要求耐磨。在铸造床身毛坯时，导轨面需向下放置，以使其表面层的金属组织细致均匀，没有气孔夹砂等缺陷，因此在加工时要求加工余量均匀，以便达到高的加工精度，同时切去的金属层应尽可能薄一些，以便留下一层组织紧密、耐磨的金属层。为此，应以导轨面为粗基准，先加工底面，然后再以底面为精基准加工导轨面，这样就可以保证导轨面的加工余量均匀，如图 3.9（b）所示。如果先以底面为粗基准加工导轨面，如图 3.9（a）所示，则会造成导轨面余量不均匀，达不到加工要求。如果零件上所有表面都需要机械加工，则应以加工余量小的表面作粗基准，以保证加工余量最小的表面有足够的加工余量。

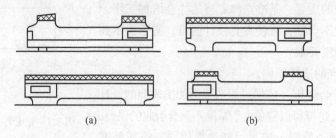

图 3.9　床身导轨加工的两种定位方法的比较

b. 以不加工表面作为粗基准面　如果必须保证工件上加工表面与不加工表面之间的位置要求，则应以不加工表面作为粗基准面，如果工件上有好几个不需加工的表面，则应以其中与加工表面的位置精度要求较高的表面为粗基准面，以求壁厚均匀、外形对称等。图 3.10 所示的零件就是这样的例子，若选不需要加工的外圆表面 1 作粗基准面定位 [图 3.10（a）]，虽然镗孔时切去的余量不均匀，但可获得与外圆具有较高同轴度的内孔、壁厚均匀、外形对称；若选用需要加工的内孔表面 2 定位 [图 3.10（b）]，则结果相反，切去的余量比较均匀，但零件壁厚不均匀。

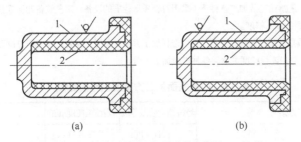

图 3.10　选择不同粗基准时的不同加工结果

c. 可靠定位，便于装夹　应该用毛坯制造中尺寸和位置比较可靠、平整光洁的表面作为粗基准面，使加工后各加工表面对各不加工表面的尺寸精度、位置精度更容易符合图样要求。对于铸件，不应选择有浇冒口的表面、分型面以及有飞刺或夹砂的表面作粗基准面；对于锻件，不应选择有飞边的表面作粗基准面。

d. 粗基准原则上不允许重复使用　由于粗基准面的定位精度很低，所以粗基准面在同一尺寸方向上通常只允许使用一次，否则定位误差太大。

（2）零件表面的加工方法选择

在分析研究零件图的基础上，对各加工表面选择相应的加工方法。

① 首先要根据每个加工表面的技术要求，确定加工方法及加工次数。表 3.5~表 3.7 分别列出了加工外圆表面、内孔表面和平面的各种方法所能达到的加工经济精度和表面粗糙度。经济精度是指在正常加工条件下（采用符合质量标准的设备、工艺装备和标准技术等级的工人，不延长加工时间）所能达到的加工精度。

表 3.5　外圆表面加工方案及其经济精度

加工方案	经济精度公差等级	表面粗糙度/μm	适用范围
粗车	IT11~IT13	Rz50~100	适用于除淬火钢以外的金属材料
└→半精车	IT8~IT9	Ra3.2~6.3	
└→精车	IT7~IT8	Ra0.8~1.6	
└→滚压（或抛光）	IT6~IT7	Rz0.08~0.20	
粗车→半精车→磨削	IT6~IT7	Ra0.40~0.80	除不宜用于有色金属外，主要适用于淬火钢件的加工
└→粗磨→精磨	IT5~IT7	Ra0.10~0.40	
└→超精磨	IT5	Ra0.012~0.10	

续表

加工方案	经济精度公差等级	表面粗糙度/μm	适用范围
粗车→半精车→精车→金刚石车	IT5~IT6	Ra0.025~0.40	主要用于有色金属
粗车→半精车→粗磨→精磨→镜面磨	IT5 以上	Rz0.025~0.20	主要用于高精度要求的钢件加工
└→精车→精磨→研磨	IT5 以上	Rz0.05~0.10	
└→粗研→抛光	IT5 以上	Rz0.025~0.40	

注：1. 经济精度，是指在正常加工条件下（采用符合质量标准的设备、工艺装备和标准技术等级的工人，不延长加工时间），所能达到的加工精度。

2. 表中经济精度系指加工后的尺寸精度，可供选择加工方案时参考；有关形状精度与位置精度方面各种加工方法所能达到的经济精度与表面粗糙度可参阅各种机械加工手册。

表 3.6 内孔表面加工方案及其经济精度

加工方案	经济精度公差等级	表面粗糙度/μm	适用范围
钻	IT11~IT13	Rz≥50	
└→扩	IT10~IT11	Rz25~50	加工未淬火钢及铸铁的实心毛坯，也可用于加工有色金属（所得表面粗糙值 Ra 稍大）
└→铰	IT8~IT9	Ra1.60~3.20	
└→粗铰→精铰	IT7~IT8	Ra0.80~1.60	
└→铰	IT8~IT9	Ra1.60~3.20	
└→粗铰→精铰	IT7~IT8	Ra0.80~1.60	
钻→(扩)→拉	IT7~IT8	Ra0.80~1.60	大批大量生产（精度可由拉刀精度而定）如校正拉削后，表面粗糙度 Ra 值可降低到 0.20~0.40
粗镗（或扩）	IT11~IT13	Rz25~50	除淬火钢外的各种钢材、毛坯上已有铸出的或锻出的孔
└→半精镗（或精扩）	IT8~IT9	Ra1.60~3.20	
└→精镗（或铰）	IT7~IT8	Ra0.80~1.60	
└→浮动镗	IT6~IT7	Ra0.20~0.40	
粗镗（扩）→半精镗→磨	IT7~IT8	Ra0.20~0.80	主要用于淬火钢，不宜用于有色金属
└→粗磨→精磨	IT6~IT7	Ra0.10~0.20	
粗镗→半精镗→精镗→金刚镗	IT6~IT7	Ra0.20~0.50	主要用于精度要求高的有色金属
钻→(扩)→粗铰→精铰→珩磨	IT6~IT7	Ra0.025~0.20	精度要求很高的孔，若以研磨代替珩磨，公差等级达 IT6 以上，表面粗糙度 Ra 可降低到 0.01~0.16
└→拉→珩磨	IT6~IT7	Ra0.025~0.20	
粗镗→半精镗→精镗→珩磨	IT6~IT7	Ra0.025~0.20	

表 3.7 平面加工方案及其经济精度

加工方案	经济精度公差等级	表面粗糙度/μm	适用范围
粗车	IT11~IT13	$Rz \geq 50$	适用于工件的端面加工
└→半精车	IT8~IT9	Ra3.20~6.30	
└→精车	IT7~IT8	Ra0.80~1.60	
└→磨	IT6~IT7	Ra0.20~0.80	
粗刨（或粗铣）	IT11~IT13	$Rz \geq 50$	适用于不淬硬的平面（用面铣加工，可得较低的表面粗糙度）
└→精刨（或精铣）	IT7~IT9	Ra1.60~6.30	
└→刮研	IT5~IT6	Ra0.10~0.80	
粗刨（或粗铣）→精刨（或精铣）→宽刃精刨	IT6~IT7	Ra0.20~0.80	批量较大，宽刃精刨效率高
粗刨（或粗铣）→精刨（或精铣）→磨	IT6~IT7	Ra0.20~0.80	适用于精度要求较高的平面加工
└→粗磨→精磨	IT5~IT6	Ra0.025~0.40	
粗铣→拉	IT6~IT9	Ra0.20~0.80	适用于大量生产中加工较小的不淬火平面
粗铣→精铣→磨→研磨	IT5~IT6	Rz0.025~0.20	适用于高精度平面的加工
└→抛光	IT5 以上	Rz0.025~0.10	

② 确定加工方法时要考虑被加工材料的性质。例如，淬火钢必须用磨削的方法加工；有色金属磨削困难，一般都采用金刚车或高速精密车削的方法进行精加工。

③ 选择加工方法要考虑生产类型，即要考虑生产率和经济性的问题。在大批大量生产中可采用专用的高效率设备和专用工艺装备。例如，平面和孔可用拉削加工，轴类零件可采用半自动液压仿形车床加工，甚至在大批大量生产中可以从根本上改变毛坯的制造工艺，大大减少切削加工的工作量。例如，用粉末冶金制造油泵的齿轮、用失蜡浇铸制造柴油机上的小尺寸零件等。在单件小批生中，常采用通用设备、通用工艺装备以及一般的加工方法。

④ 选择加工方法还要考虑本厂（或本车间）的现有设备情况及技术条件，应该充分利用现有设备，挖掘企业潜力，发挥工人群众的积极性和创造性。有时虽有该类设备，但因负荷的平衡问题，还得改用其他的加工方法。

此外，选择加工方法还应该考虑一些其他因素，如工件的形状和重量以及加工方法所能达到的表面物理力学性能等。

（3）加工阶段的划分

当零件的加工质量要求较高时，一般把整个加工过程划分为粗加工阶段、半精加工阶段、精加工阶段和光整加工阶段。各个加工阶段的主要任务是：

① 粗加工阶段 这一阶段的主要任务是去除加工表面上的大部分余量，使毛坯在形状和尺寸上接近成品零件。该阶段主要解决如何提高生产率的问题。

② 半精加工阶段　这一阶段的主要任务是去除粗加工后留下的误差和缺陷，使被加工工件达到一定精度，为精加工做准备，并完成一些次要表面的加工，例如钻孔、攻螺纹、铣键槽等。

③ 精加工阶段　保证各主要表面达到零件图规定的加工质量要求。

④ 光整加工阶段　对于精度要求很高（IT5 以上）、表面粗糙度值要求很小（$Ra \leqslant 0.2\mu m$）的表面，还要安排光整加工阶段，其主要任务是降低表面粗糙度值和进一步提高尺寸精度。光整加工不能用于纠正表面形状及位置误差。

对于要求不高、加工余量很小的零件或重型零件则可以不划分加工阶段而一次加工成形。

零件加工过程要划分加工阶段的原因是：

① 可以保证加工质量　粗加工阶段要切除的余量大，切削力和切削热都比较大，装夹工件所需夹紧力也较大，被加工工件会产生较大的受力变形和受热变形。如果加工过程不划分阶段，把各个表面的粗、精加工工序混在一起交错进行，那么安排在工艺过程前期通过精加工工序获得的加工精度势必会被后续的粗加工工序所破坏，这是不合理的。加工过程划分为几个阶段以后，粗加工阶段产生的误差和缺陷可以通过半精加工和精加工阶段逐步予以修正，零件的加工质量可以得到保证。

② 合理使用机床设备　粗、精加工分开，有利于合理使用加工设备。粗加工可安排在精度低、功率大、生产率高的机床上进行。精加工可安排在精度高、功率小的机床上进行。这样使设备充分发挥各自特点，延长使用寿命。

③ 便于安排热处理工序　为了在机械加工工序中插入必要的热处理工序，同时使热处理发挥充分的作用，把机械加工工艺过程划分为几个阶段，并且每个阶段各有其特点及应该达到的目的。热处理安排在精加工之前进行，可以通过精加工去除热处理变形。在粗加工后安排时效处理，可以减少工件因加工产生的内应力变形等。

④ 及时发现毛坯缺陷　粗加工各表面后，由于切除了各加工表面的大部分加工余量，可及早发现毛坯的缺陷（气孔、砂眼、裂纹和加工余量不够），以便及时报废或修补，不会浪费后续精加工工序的制造费用。精加工集中在后面进行，还能减少加工表面在运输中受到的损伤。

应当指出，加工阶段的划分是对整个加工过程而言的，不能从某一个表面的加工性质来判断。例如，有些定位基准孔，在粗加工阶段就需要加工得很精确，但通常是以零件主要表面的加工来划分加工阶段的。其次，加工阶段的划分也不是绝对的，应根据零件质量要求、结构特点和生产纲领灵活掌握。例如，对于毛坯质量高、加工余量小、刚度较好而生产纲领不大、加工要求不高的零件，则不必严格划分加工阶段。对于有些重型零件，由于安装、运输都很困难，尽可能在一个工序中完成全部的粗加工和精加工，在选定了各表面的加工方法和划分阶段之后，就可以将同一阶段的各加工表面组合成若干工序。

(4) 各表面加工顺序的安排

加工顺序是指加工工序的先后顺序，它与加工质量、生产效率、经济性密切相关，是拟定工艺路线的关键之一。

机械加工先后顺序的安排一般遵循以下原则：

① 先粗后精 划分加工阶段，要按先粗后精的原则安排机械加工的顺序。在零件的所有表面加工工作中，一般包括若干粗加工、半精加工和精加工。安排加工顺序时应将各表面的粗加工集中在一起首先加工，再依次集中进行各表面的半精加工和精加工，使整个加工过程形成先粗后精的若干个加工阶段。

② 基准先行 先加工基准表面后加工其他表面，即基准先行原则。精基准表面应在工艺过程一开始就进行加工。在零件的工艺过程中，以基准表面的使用和转换为线索，可大致确定各基准表面的加工顺序。在重要表面精加工之前，还需要安排基准面的精修工序。

③ 先主后次 零件主要工作表面和装配基准一般面积较大，加工要求较高，常被选为定位基准，需要先加工出来。而键槽、螺孔等次要表面加工面积小，位置又和主要表面相关，应在主要表面加工之后加工。对于容易出现废品的工序也要适当提前加工。

④ 先面后孔 对于箱体、支架类零件，应先加工平面，后加工平面上的孔。先加工平面去掉孔端黑皮，可方便孔加工时刀具的切入、测量和尺寸调整。平面的轮廓尺寸大，也易于先加工出来用作定位基准。

(5) 工序集中或分散的确定

在选定了各表面加工方法和划分了加工阶段之后，就可以将同一阶段中的各加工表面组合成若干工序。

组合时可以采用工序集中和工序分散两种不同的原则。所谓工序集中，是力求将加工零件的所有工步集中在少数几个工序内完成。最大限度地工序集中是指在一个工序中完成零件的全部加工。工序分散则相反，它是力求每一工序的加工内容简单，因而整个零件的加工工艺过程工序较多。

工序集中的主要特点如下：

① 可以采用高生产率的专用机床和工艺设备，提高生产率；
② 减少了设备的数量，相应地也减少了操作工人和生产面积；
③ 减少了工序数目，缩短了工艺路线，简化了生产计划工作；
④ 缩短了加工时间，减少了运输工作量，缩短了生产周期；
⑤ 减少了工件的安装次数，有利于提高生产率，也易于保证这些表面间的位置精度；
⑥ 机床和工艺装备的调整、维修很费时费事，生产准备工作量很大。

工序分数的主要特点如下：

① 采用比较简单的机床和工艺装备，调整容易；

② 对工人的技术要求低，或只需经过较短时间的训练；
③ 生产准备工作量小；
④ 容易变换产品；
⑤ 设备数量多，工人数量多，生产面积大。

工序的集中和分散应根据生产纲领、零件的结构特点、技术要求、实际生产条件等因素综合考虑。一般来说，大批大量生产，多采用工序分散原则；单件小批生产，多采用工序集中原则。

（6）热处理及检验工序的安排

为了达到零件的某些力学性能要求，在制订加工工艺规程时还要考虑热处理工序的安排。热处理按目的不同大致分为预备热处理和最终热处理两类。

1）预备热处理

预备热处理工艺包括退火、正火、时效处理和调制处理等，其目的是改善毛坯加工性能、消除内应力和为最终热处理做准备。

① 退火和正火　经过热加工的毛坯进行退火和正火，能改善材料加工性能和消除内应力，还能细化晶粒、均匀组织。退火和正火常安排在毛坯制造之后、粗加工之前进行。但也有将正火安排在粗加工之后进行的。

② 调质　即淬火后高温回火，能获得均匀细致的索氏体组织，为以后的表面淬火和氮化处理做好组织准备，因此它可作预备热处理工序。由于调质后零件综合力学性能较好，对于某些要求不高的零件也可作最终热处理工序。调质处理一般安排在粗加工之后、半精加工之前进行。这是因为受钢的淬透性影响，对大截面零件而言，调质只在表层下一定深度内获得理想的细致索氏体组织，而其心部组织变化很少。如果先调质再粗加工，加工中将会切除很多调质组织，对加工余量大的部位来说只剩下很少的调质组织。对淬透性好、截面积小或切削余量小的毛坯，也可把调质安排在粗加工之前进行。

③ 时效处理　用于消除毛坯制造和机械加工产生的内应力。对铸件和焊接件，一般在粗加工之后安排时效处理，可以将毛坯内应力和加工内应力一并消除。对于复杂的大型铸件或高精度零件，可安排多次时效处理，充分消除内应力。

2）最终热处理

最终热处理包括淬火、渗碳淬火和氮化处理等，目的是提高材料的硬度和耐磨性。

① 淬火　淬火零件常需预先进行调质或正火处理。淬火后因硬度提高而使切削困难，只能用磨削方法获得最终表面粗糙度和加工精度，因而淬火经常安排在半精加工之后、精加前进行。

② 渗碳淬火　渗碳淬火能使低碳钢和低合金钢零件表层获得高的硬度和耐磨性，而心部仍然保持一定的强度和较高韧性。局部渗碳时对不需渗碳的部位要采取防渗措施。由于渗碳淬火变形较大，渗碳深度一般仅为 0.5~2mm，其后进行加工修正的加工余量必须很小，所以渗碳淬火工序经常安排在半精加工和精加工之间进行。

③ 氮化处理 氮化处理能提高零件表层硬度、耐磨性、疲劳强度和耐腐蚀性。由于氮化温度低，零件变形小，且氮化层较薄，所以氮化工序应尽量靠后安排。

由于各种热处理一般都是安排在各加工阶段之间进行的，所以热处理工序往往又是工艺路线中加工阶段的划分界线。调质和时效处理一般是粗加工与半精加工阶段的分界；淬火一般是半精加工与精加工阶段的分界；氮化处理一般是精加工与光整加工阶段的分界。

（7）其他辅助工序的安排

检验工序是主要的辅助工序，它是保证产品质量的重要措施。除了在每道工序进行时，操作者必须自行检验外，还必须在下列情况下安排单独的检验工序。

① 粗加工阶段结束之后。
② 重要工序之后。
③ 零件从一个车间转到另一个车间时。
④ 特种性能（磁力探伤、密封性等）检验之前。
⑤ 零件全部加工结束之后。

除检验工序外，还要在相应的工序后面考虑安排洗涤、防锈、表面处理、平衡去重、去毛刺等辅助工序。辅助工序是必要的工序，缺少辅助工序或对辅助工序要求不严，将为装配工作带来困难，甚至使机器不能使用。

3.2.5 机床及工艺装备的选择

正确选择机床设备是很重要的，不但直接影响工件的加工质量，而且还影响工件的加工效率和制造成本。所选机床的规格应与工件的形体尺寸相适应，精度等级应与本工序加工要求相适应，电动机功率应与本工序加工所需功率相适应，机床设备的自动化程度和生产率应与工件生产类型相适应。

工艺装备的选择将直接影响工件的加工精度、生产率和制造成本，应根据不同情况适当选择。在中小批生产条件下，应首先考虑选用通用工艺装备（包括刀具、夹具、量具和辅具）；在大批量生产中，可根据加工要求设计制造专用工艺装备。

机床和工艺装备的选择不仅要考虑设备投资的当前效益，还要考虑产品改型及转产的可能性，应使其具有足够的柔性。

3.2.6 确定各工序的加工余量、工序尺寸及公差

（1）加工余量

用材料去除法制造机械零件时，一般都要从毛坯上切除一层层材料之后才能得到

符合图样规定要求的零件。为使加工表面达到所需要的精度和表面质量而应切除的金属层厚度称为加工余量。加工余量可分为工序余量和加工总余量。

1）工序余量

工序余量是指某表面在一道工序中所切除的金属层厚度，其数值为上工序尺寸与本工序尺寸之差。工序余量可分为单边余量和双边余量。

① 单边余量 零件非对称结构的非对称表面，其加工余量为单边余量。平面加工的余量是非对称的，故属单边余量。工序的基本余量为前后工序的基本尺寸之差，如图 3.11 所示。本工序的基本余量为 z。

对于外表面 [如图 3.11（a）所示]： $z=a-b$

对于内表面 [如图 3.11（b）所示]： $z=b-a$

式中 a——上工序的基本尺寸；

b——本工序的基本尺寸。

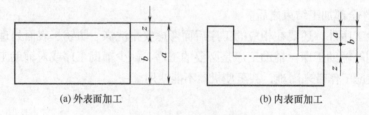

(a) 外表面加工　　　　　(b) 内表面加工

图 3.11 单边基本余量

② 双边余量 对于回转表面（外圆和孔），其加工余量为双边余量，如图 3.12 所示。

对于外表面 [如图 3.12（a）所示]： $2z=d_a-d_b$

对于内表面 [如图 3.12（b）所示]： $2z=D_b-D_a$

式中 d_a，D_a——上工序的基本尺寸；

d_b，D_b——本工序的基本尺寸。

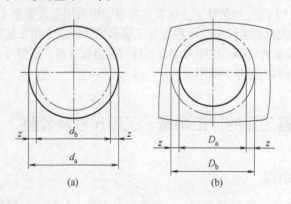

(a)　　　　　(b)

图 3.12 双边基本余量

2）加工总余量

加工总余量是指零件从毛坯变为成品的整个加工过程中，某一表面金属层的总厚度，即零件上同一表面处的毛坯尺寸与零件尺寸之差。显然，加工总余量等于各工序余量之和。

$$Z_0 = Z_1 + Z_2 + \cdots + Z_i + \cdots + Z_n = \sum_{i=1}^{n} Z_i$$

式中　Z_0——加工总余量；

　　　Z_i——第 i 道工序加工余量；

　　　n——该表面加工工序数。

由于毛坯制造和各工序不可避免地存在误差，故加工总余量和工序余量都是变动的。所以，加工余量又可分为基本加工余量 Z、最大加工余量 Z_{max} 和最小加工余量 Z_{min}。

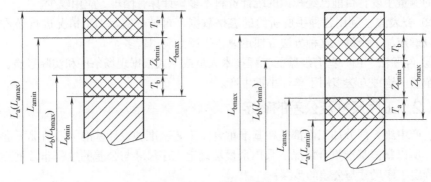

图 3.13　加工余量

从图 3.13 中可以看出，轴的最小工序余量 Z_{bmin} 为上道工序的最小尺寸 L_{amin} 和本工序的最大尺寸 L_{bmax} 之差，而最大工序余量 Z_{bmax} 为上道工序的最大尺寸 L_{amax} 和本工序的最小尺寸 L_{bmin} 之差。即

$$Z_{bmin} = L_{amin} - L_{bmax}$$
$$Z_{bmax} = L_{amax} - L_{bmin}$$

显然，工序余量变动值为上道工序尺寸公差与本工序尺寸公差之和。即

$$T_z = T_{bmax} - L_{bmin} = T_b + T_a$$

式中　T_b——本工序的工序尺寸公差；

　　　T_a——上工序的工序尺寸公差。

孔的情况与此类似。

工序尺寸公差一般按照"入体原则"标注。对于被包容面，如轴径，上偏差为 0，其最大尺寸就是基本尺寸；对包容尺寸，如孔径、槽宽，下偏差为 0，其最小尺寸就是基本尺寸。孔距类工序尺寸偏差按"对称偏差"标注，毛坯尺寸则采用"双向对称原则"标注。

3）影响加工余量的因素

加工余量的大小对零件的加工质量和生产率有较大影响。加工余量不足，不能切除和修正上道工序残留的表面层缺陷和误差。加工余量过大，又将使工时、材料和电力消耗增大。因此，工序设计中应选取合理的加工余量值。

加工余量的影响因素比较复杂，除第一道粗加工工序余量与毛坯制造精度有关外，其他工序的工序余量主要受以下几个方面因素的影响：

① 上道工序的表面粗糙度和表面缺陷层。
② 上道工序的尺寸公差。
③ 工件各表面相互位置的空间偏差。
④ 本道工序的装夹误差。
⑤ 热处理变形量、工序的特殊要求等。

4）确定加工余量的方法

① 计算法　采用计算法确定加工余量比较准确，但需掌握必要的统计资料和具备一定的测量手段。目前已经积累的统计资料不多，计算有困难，应用较少。

② 查表法　利用各种手册所给的表格数据，再结合实际加工情况进行必要的修正，以确定加工余量。这种方法方便迅速，生产上应用较多。

③ 经验法　由一些有经验的工程技术人员或工人根据现场条件和实际经验，确定加工余量。这种方法多用于单件小批生产。

（2）工序尺寸及公差的确定

生产中绝大部分加工面都是在基准重合（工艺基准和设计基准）的情况下进行加工的，所以掌握基准重合情况下采用余量法确定工序尺寸与公差的过程非常重要。余量法确定工序尺寸与公差的步骤：

① 确定各加工工序的加工余量；
② 从最后一道加工工序开始，即从设计尺寸开始，到第一道加工工序，分别得到各工序公称尺寸（包括毛坯尺寸）；
③ 除终加工工序以外，其他各加工工序按各自所采用加工方法的加工经济精度确定工序尺寸及公差；
④ 填写工序尺寸并按"入体原则"标注工序尺寸及公差。

例如，某主轴箱体上孔的设计尺寸为 $\phi 100JS6$，表面粗糙度 Ra 为 $0.63\sim1.25\mu m$，加工路线为：毛坯铸孔—粗镗—半精镗—精镗—铰孔。可以查阅《机械加工工艺手册》得到各工序的加工余量及经济精度与表面粗糙度数值，然后从最终设计尺寸 100 开始，逐次减去每道工序的加工余量，可分别得到各工序的基本尺寸。除最终工序外，其余各尺寸按"入体原则"标注公差。具体结果如表 3.8 所示。

表 3.8　各工序公差、尺寸公差及表面粗糙度　　　　　　　　　　　mm

工序名称	工序余量	工序基本尺寸	工序公差	工序尺寸公差	表面粗糙度 $Ra/\mu m$
铰孔	0.1	100	$JS6(^{+0.011}_{-0.011})$	$\phi 100\pm 0.011$	$0.63\sim 1.25$
精镗	0.5	100–0.1=99.9	$H7(^{+0.035}_{0})$	$\phi 99.9^{+0.035}_{0}$	$1.25\sim 2.5$

续表

工序名称	工序余量	工序基本尺寸	工序公差	工序尺寸公差	表面粗糙度 $Ra/\mu m$
半精镗	2.4	99.9−0.5=99.4	$H10(^{+0.14}_{0})$	$\phi 99.4^{+0.14}_{0}$	2.5~5.0
粗镗	5	99.4−2.4=97	$H12(^{+0.44}_{0})$	$\phi 97^{+0.44}_{0}$	5.0~10
毛坯	—	97−5=92	$(^{+2}_{-1})$	$\phi 92^{+2}_{-1}$	—

3.2.7 确定各工序的切削用量及时间定额

（1）切削用量的确定

除在单件小批生产中不需具体规定切削用量，而由工人在加工时自行确定外，在工艺文件中还要规定每一步的切削用量（切削深度、进给量及切削速度）。选择切削用量时可以采用查表法或计算法，其步骤如下：

① 由工序余量确定切削深度，全部工序（或工步）余量最好在一次走刀中去除；

② 按本工序加工表面粗糙度确定进给量，对粗加工工序，进给量按加工粗糙度初选后还要校验刀片强度及机床进给机构强度；

③ 选择刀具磨钝标准及耐用度；

④ 确定切削速度，按机床实有的主轴转速表选取接近的主轮转速；

⑤ 最后校验机床功率。

（2）时间定额的确定

时间定额是指在一定生产条件下规定生产一件产品或完成一道工序所消耗的时间。时间定额是安排作业计划、进行成本核算的重要依据，也是设计或扩建工厂（或车间）时计算设备和工人数量的依据。

时间定额由以下几个部分组成：

① 基本时间 $T_{基本}$　基本时间是直接改变生产对象的尺寸、形状、相对位置、表面状态或材料性质等工艺过程所消耗的时间。对于切削加工来说，基本时间是切除加工余量所花费的时间。

② 辅助时间 $T_{辅助}$　辅助时间是为实现工艺过程必须进行的各种辅助动作所消耗的时间。如装卸工件、开停机床、改变切削用量、测量加工尺寸、引进或退回刀具等动作所花费的时间。

基本时间和辅助时间的总和称为作业时间。

③ 布置工作地时间 $T_{布置}$　布置工作地时间是为使加工正常进行，工人照管工作地点所消耗的时间。如在加工过程中调整刀具、修正砂轮、润滑及擦拭机床、清理切屑等所耗费的时间。布置工作地时间可按工序作业时间的 2%~7% 来估算。

④ 休息和生理需要时间 $T_{休息}$　休息和生理需要时间是工人在工作班内为恢复体力和满足生理上的需要所消耗的时间。它可按工序作业时间的 2% 来估算。

因此，单件时间是

$$T_{单件}=T_{基本}+T_{辅助}+T_{布置}+T_{休息}$$

⑤ 准备与终结时间 $T_{准终}$ 在成批生产中，还需要考虑准备与终结时间。准备与终结时间是成批生产中每当加工一批工件的开始和终了，需要的一定的时间，常用来做以下工作：在加工一批工件前需熟悉工艺文件，领取毛坯材料，领取和安装刀具和夹具，调整机床及工艺装备等；在加工一批工件终了时，需拆下和归还工艺装备，送交成品等。因此在成批生产时，如果一批零件的数量为 N'，准备与终结时间为 $T_{准终}$，则每个零件分摊到的准备和终结时间为 $\dfrac{T_{准终}}{N'}$。将这一时间加到单件时间中去，即得到成批生产的单件工时定额

$$T_{定额}=T_{单件}+\dfrac{T_{准终}}{N'}=T_{基本}+T_{辅助}+T_{布置}+T_{休息}+\dfrac{T_{准终}}{N'}$$

3.2.8 技术经济分析

制订零件机械加工工艺规程时，在同样能满足被加工零件技术要求和同样能满足产品交货期的条件下，经济分析一般都可以拟订出几种不同的工艺方案，有些工艺方案的生产准备周期短、生产效率高、产品上市快，但设备投资较大；另外一些工艺方案的设备投资较少，但生产效率偏低；不同的工艺方案有不同的经济效果。为了选取在给定生产条件下最为经济合理的工艺方案，必须对各种不同的工艺方案进行经济分析。

所谓经济分析就是通过比较各种不同工艺方案的生产成本，选出其中最为经济的加工方案。生产成本包括两部分费用，一部分费用与工艺过程直接有关，另一部分费用与工艺过程不直接有关（例如行政人员工资、厂房折旧费、照明费、采暖费等）。与工艺过程直接有关的费用称为工艺成本，工艺成本占零件生产成本的70%~75%。对工艺方案进行经济分析时，只要分析与工艺过程直接有关的工艺成本即可，而不必考虑那些与工艺过程不直接有关的因素。因为那部分费用不会随工艺方案的不同而不同，所以可以不进行计算。

3.2.9 填写工艺文件

工艺规程设计出来以后，须以图表、卡片和文字材料的形式固定下来，以便贯彻执行。这些图表、卡片和文字材料统称为工艺文件。经常使用的工艺文件有机械加工工艺过程卡片、机械加工工艺卡片、机械加工工序卡片等。

（1）机械加工工艺过程卡片

机械加工工艺过程卡片以工序为单位，主要列出零件加工的工艺路线和工序内容

的概况,指导零件加工的流向。通过它可以了解零件所需的加工车间和工艺流程。

在单件小批生产中,通常不编制其他较详细的工艺文件,而以这种卡片指导生产。

(2)机械加工工艺卡片

机械加工工艺卡片以工序为单位,除详细说明零件的机械加工工艺过程外,还具体表示各工序、工步的顺序和内容。它是用来指导工人操作、帮助车间技术人员掌握整个零件过程的一种最主要的工艺文件,广泛用于成批生产的零件和小批生产的重要零件。

(3)机械加工工序卡片

机械加工工序卡片是根据工艺卡中每一道工序制订的,工序卡中详细地标识了该工序的加工表面、工序尺寸、公差、定位基准、装夹方式、刀具、工艺参数等信息,绘有工序简图和有关工艺内容的符号,是指导工人进行操作的一种工艺文件。主要用于大批量生产或成批生产中比较重要的零件。

3.3 工艺尺寸链

在机器装配和零件加工过程中经常出现基准的转换,需要进行零件相关尺寸的换算。尺寸链是这种换算的重要工具。

3.3.1 尺寸链的概念

尺寸链是在机器装配或零件加工过程中,由相互连接的尺寸形成的封闭的尺寸组。尺寸链按应用范围,可分为工艺尺寸链和装配尺寸链。

图3.14(a)所示是一个阶梯零件。被加工的表面是面3,除面3以外,其他表面均已达到了加工要求。面3的定位基准是面1,工序基准是面2。可以看到尺寸A_0、A_1、A_2形成一个封闭的尺寸组,这就是尺寸链,如图3.14(b)所示。在加工过程中各有关工艺尺寸所组成的尺寸链,称为工艺尺寸链。

图3.15(a)所示为主轴部件装配图。为保证齿轮容易安装,必须留有间隙A_0,但是A_0又不能过大,过大的A_0会导致齿轮在使用过程中沿着

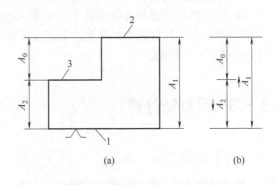

图3.14 零件加工中的尺寸链

轴向发生窜动，影响使用的质量，所以必须确定合理的间隙。有了这个间隙以后，可以看到，尺寸 A_1、A_2、A_3、A_0 形成一个封闭的尺寸组，也就是尺寸链，如图 3.15（b）所示。我们把各有关装配尺寸所组成的尺寸链称为装配尺寸链。

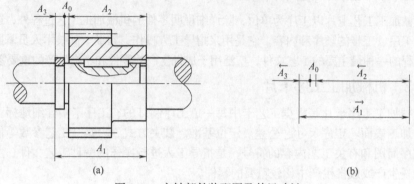

图 3.15　主轴部件装配图及其尺寸链

3.3.2　尺寸链的组成

① 环：列入尺寸链中的每一个尺寸称为环。环分为封闭环和组成环。

② 封闭环：在装配过程中最后形成的或在加工过程中间接获得的一环称为封闭环。这里注意一点：一个尺寸链中只能有一个封闭环。如 A_0，B_0。

③ 组成环：指除封闭环外的全部其他环。组成环又分为增环和减环。

④ 增环：如果该环尺寸增大封闭环随之增大，该环尺寸减小封闭环随之减小，那么这个组成环就是增环。通常在增环符号上标以向右的箭头。

⑤ 减环：如果该环尺寸增大封闭环随之减小，该环尺寸减小封闭环随之增大，那么这个组成环就是减环。通常在减环符号上标以向左的箭头。

增环变动引起封闭环同向变动，减环变动引起封闭环反向变动。

尺寸链的主要特性：

① 封闭性：组成尺寸链的各个尺寸按一定顺序构成一个封闭系统。

② 相关性：尺寸链中的任意一个组成环发生变化，封闭环都将随之发生变化，它们之间是相互关联的。

3.3.3　尺寸链计算

（1）计算方法

尺寸链的计算方法有极值法和概率法两种，极值法适用于组成环数较少的尺寸链计算，概率法适用于组成环数较多的尺寸链计算。这里仅介绍极值法计算尺寸链。

1）封闭环的基本尺寸

封闭环的基本尺寸等于所有增环的基本尺寸之和减去所有减环的基本尺寸之和，即

$$L_0 = \sum_{i=1}^{m} \vec{L}_i - \sum_{j=m+1}^{n-1} \overleftarrow{L}_j \tag{3-2}$$

式中，L_0 为封闭环的基本尺寸；$\vec{L}_i$ 为组成环中增环的基本尺寸；$\overleftarrow{L}_j$ 为组成环中减环的基本尺寸；m 为增环数；n 为包括封闭环在内的总环数。

2）封闭环的极限尺寸

封闭环的最大极限尺寸等于所有增环的最大极限尺寸之和减去所有减环的最小极限尺寸之和，封闭环的最小极限尺寸等于所有增环的最小极限尺寸之和减去所有减环的最大极限尺寸之和，即

$$L_{0,\max} = \sum_{i=1}^{m} \vec{L}_{i,\max} - \sum_{j=m+1}^{n-1} \overleftarrow{L}_{j,\min} \tag{3-3}$$

$$L_{0,\min} = \sum_{i=1}^{m} \vec{L}_{i,\min} - \sum_{j=m+1}^{n-1} \overleftarrow{L}_{j,\max} \tag{3-4}$$

式中，$L_{0,\max}$、$L_{0,\min}$ 为封闭环的最大及最小极限尺寸；$\vec{L}_{i,\max}$、$\vec{L}_{i,\min}$ 为增环的最大及最小极限尺寸；$\overleftarrow{L}_{j,\min}$、$\overleftarrow{L}_{j,\max}$ 为减环的最大及最小极限尺寸。

3）封闭环的极限偏差

封闭环的上偏差等于所有增环上偏差之和减去所有减环下偏差之和，封闭环的下偏差等于所有增环下偏差之和减去所有减环上偏差之和，即

$$ES_0 = \sum_{i=1}^{m} ES_i - \sum_{j=m+1}^{n-1} EI_j \tag{3-5}$$

$$EI_0 = \sum_{i=1}^{m} EI_i - \sum_{j=m+1}^{n-1} ES_j \tag{3-6}$$

式中，ES_0、EI_0 为封闭环的上、下偏差；ES_i、EI_i 为增环的上、下偏差；ES_j、EI_j 为减环的上、下偏差。

4）封闭环的公差

封闭环的公差等于各组成环公差之和，即

$$T_0 = \sum_{i=1}^{n-1} T_i \tag{3-7}$$

式中，T_0 为封闭环公差；T_i 为组成环公差。

（2）解题步骤

① 正确画出尺寸链图。

② 确定封闭环。

③ 判定组成环中的增、减环,并用箭头标出。
④ 利用基本计算公式求解。
⑤ 验证计算正确性。

3.3.4 工艺尺寸链的应用

【例 3.1】 如图 3.16 所示的零件,A、B 两端面已加工完毕,在某工序中车削内孔和端面 C,$A_0 = 30_{-0.20}^{0}$ mm,$A_1 = 10_{-0.10}^{0}$ mm。车削时以端面 B 定位,图样中标注的设计尺寸 A_0 不便直接测量,如以端面 A 为测量基准测量孔深尺寸 A_2,试求 A_2 的基本尺寸及其上下偏差。

解:画出尺寸链图,如图 3.17 所示。图中 A_0 是封闭环,A_2 是增环,A_1 是减环。

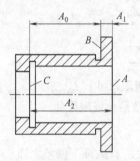
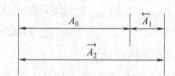

图 3.16 测量深孔尺寸计算　　图 3.17 车削内孔和端面时的尺寸链图

基本尺寸:　　$A_2 = A_0 + A_1 = 30 + 10 = 40$ mm
上偏差:
下偏差:　　$EI_2 = EI_0 + ES_1 = -0.2 - 0 = -0.2$ mm
$A_2 = 40_{-0.2}^{-0.1}$

【例 3.2】 如图 3.18 所示,工件成批加工时用端面 B 定位加工表面 A(用调整法),以保证尺寸 $10_{0}^{+0.20}$ mm,试计算铣削表面 A 时的工序尺寸及上、下偏差。

解:画出尺寸链图,如图 3.19 所示。图 3.18 中 $10_{0}^{+0.20}$ mm 是封闭环 L_0,L_1、L_3 是增环,L_2 是减环。

基本尺寸:　　$10 = L_1 + 30 - 60 \therefore L_1 = 40$ mm
上偏差:　　$0.2 = ES_1 + 0.05 - (-0.05) \therefore ES_1 = +0.10$
下偏差:　　$0 = EI_1 + 0 - 0.05 \therefore EI_1 = +0.05$
所以　　$L_1 = 40_{+0.05}^{+0.10}$ mm

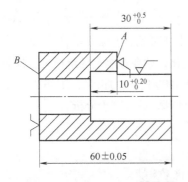
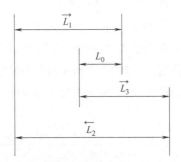

图 3.18　铣削表面工序尺寸计算　　　图 3.19　铣削表面时的尺寸链图

【例 3.3】　如图 3.20 所示轴套零件的轴向尺寸，其外圆、内孔及端面均已加工完毕。试求：当以 B 面定位直径为 $\phi 10\text{mm}$ 孔时的工序尺寸 A_1 及其偏差。要求画出尺寸链图、指出封闭环、增环和减环。

解：画出尺寸链图，如图 3.21 所示。图 3.20 中 $25\pm 0.1\text{mm}$ 是封闭环 A_0，A_1、A_3 是增环，A_2 是减环，

基本尺寸：　　$25 = A_1 + 50 - 60 \therefore A_1 = 35\text{mm}$
上偏差：　　　$0.1 = ES_1 + 0 - (-0.1) \therefore ES_1 = 0$
下偏差：　　　$-0.1 = EI_1 - 0.05 - 0 \therefore EI_1 = -0.05$
所以　　　　　$A_1 = 35_{-0.05}^{\ 0}\text{mm}$

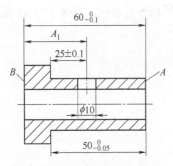
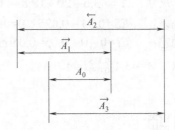

图 3.20　轴套零件的尺寸计算　　　图 3.21　轴套零件的尺寸链图

【例 3.4】　一带有键槽的内孔要淬火及磨削，其设计尺寸如图 3.22（a）所示，内孔及键槽的加工顺序是：①镗内孔至 $\phi 39.6_{\ 0}^{+0.10}\text{mm}$；②插键槽至尺寸 A；③淬火；④磨内孔，同时保证内孔直径 $\phi 40_{\ 0}^{+0.05}\text{mm}$ 和键槽深度 $43.6_{\ 0}^{+0.34}\text{mm}$ 两个设计尺寸的要求。现在要确定工艺过程中的工序尺寸 A 及其偏差（假定热处理后内孔没有胀缩）。

解：为计算这个工序尺寸链，可以作出两种不同的尺寸链图。图 3.22（b）所示是一个四环尺寸链，它表示了 A 和三个尺寸的关系，其中 $43.6_{\ 0}^{+0.34}\text{mm}$ 是封闭环，这里还看不到工序余量与尺寸链的关系。图 3.22（c）是把图 3.22（b）所示的尺寸链分解成

两个三环尺寸链，并引进了半径余量 $Z/2$。在图 3.22（c）的上图中，$Z/2$ 是封闭环；在下图中，$43.6_0^{+0.34}$ mm 是封闭环，$Z/2$ 是组成环。由此可见，为保证 $43.6_0^{+0.34}$ mm，就要控制工序余量 Z 的变化，而要控制这个余量的变化，就要控制它的组成环，即直接获得的镗削尺寸 $19.8_0^{+0.05}$ mm 和磨削尺寸 $20_0^{+0.025}$ mm 的变化。工序尺寸 A 可以由图 3.22（b）解出，也可由图 3.22（c）解出。前者便于计算，后者利于分析。

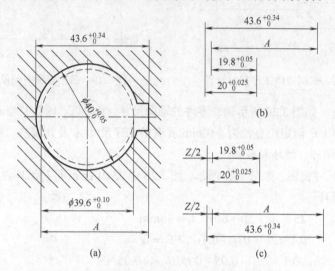

图 3.22　带有键槽的内孔及其尺寸链

在图 3.22（b）所示的尺寸链中，A、$20_0^{+0.025}$ mm 是增环，$19.8_0^{+0.05}$ mm 是减环。

基本尺寸：　$A = 43.6 - 20 + 19.8 = 43.4$ mm

上偏差：　$ES = 0.34 - 0.025 + 0 = 0.315$ mm

下偏差：　$EI = 0 - 0 + 0.05 = 0.05$ mm

所以　　$A = 43.4_{+0.050}^{+0.315}$ mm

练习题

一、选择题

1. 重要的轴类零件的毛坯通常应选择（　　）。

　　A. 铸件　　　B. 锻件　　　C. 棒料　　　D. 管材

2. 普通机床床身的毛坯多采用（　　）。

　　A. 铸件　　　B. 锻件　　　C. 焊接件　　D. 冲压件

3. 基准重合原则是指使用被加工表面的（　　）基准作为精基准。

A. 设计　　B. 工序　　C. 测量　　D. 装配

4. 箱体类零件常采用（　　）作为统一精基准。

A. 一面一孔　B. 一面两孔　C. 两面一孔　D. 两面两孔

5. 为改善材料切削性能而进行的热处理工序（如退火、正火等），通常安排在（　　）进行。

A. 切削加工之前　　　　B. 磨削加工之前

C. 切削加工之后　　　　D. 粗加工后、精加工前

6. 工序集中可减少（　　）。

A. 掌握操作生产技术的时间　　　B. 辅助时间

C. 休息与生理需要时间　　　　　D. 基本时间

7. 车床主轴轴颈和轴颈面之间的垂直度要求很高，因此常采用（　　）方法来保证。

A. 自为基准　　B. 基准重合　　C. 基准统一　　D. 互为基准

8. 零件加工时，粗基准一般选择（　　）。

A. 工件的毛坯面　　　　B. 工件的已加工表面

C. 工件的过渡表面　　　D. 工件的待加工表面

二、判断题

（　）1. 工艺规程是生产准备工作的重要依据。

（　）2. 编制工艺规程不需考虑现有生产条件。

（　）3. 粗基准一般不允许重复使用。

（　）4. 工序余量等于上道工序尺寸与本道工序尺寸之差的绝对值。

（　）5. 直线尺寸链中必须有增环和减环。

（　）6. 工艺尺寸链组成环的尺寸是由加工直接得到的。

（　）7. 编制工艺规程时应先对零件图进行工艺性审查。

（　）8. 划分加工阶段，可合理使用机床。

三、名词解释

1. 封闭环

2. 生产纲领

3. 定位基准

4. 工序基准

四、简答题

1. 什么是工序、安装、工步、工作行程？

2. 什么是粗基准？其选择原则是什么？

3. 什么是精基准？其选择原则是什么？

4. 什么是设计基准、工艺基准？

5. 什么是工序基准、定位基准、测量基准和装配基准？
6. 为什么工艺过程要划分加工阶段？
7. 什么是工序集中？什么是工序分散？各有什么特点？
8. 加工顺序的安排应遵循哪些原则？
9. 在拟定机械零件机械加工顺序时，通常将加工过程划分为哪几个加工阶段？
10. 什么是加工余量？确定加工余量应考虑哪些因素？

五、计算题

1. 图 3.23 所示零件以底面 N 为定位基准镗 O 孔，确定 O 孔位置的设计基准是 M 面（设计尺寸 100 ± 0.15）。用镗夹具镗孔时，镗杆相对于定位基准 N 的位置（即 L_1 尺寸）预先由夹具确定，这时设计尺寸 L_0 是在 L_1、L_2 尺寸确定后间接得到的。问如何确定 L_1 尺寸及公差，才能使间接获得的 L_0 尺寸在规定的公差范围之内？

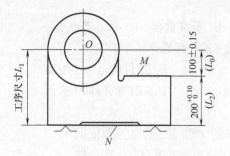

图 3.23 轴承座镗孔工序尺寸的换算

2. 图 3.24 所示零件外圆及两端面已车好，现欲加工台阶状内孔。因设计尺寸 $10_{-0.4}^{0}$ 难以测量，现欲通过控制 L_1 尺寸间接保证 $10_{-0.4}^{0}$ 尺寸。求 L_1 的基本尺寸及上、下偏差。

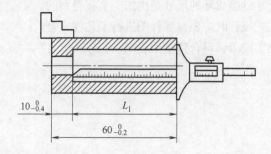

图 3.24 测量基准与设计基准不重合测量尺寸的换算

第4章

机床夹具原理与设计基础

本章主要介绍工件定位及夹紧的基本知识和方法,包括工件定位的基本原理、定位基准和定位元件的选择、夹紧力的确定等内容。本章内容是制订机械加工工艺规程的重要补充,同时也是本书的重点之一。

4.1 机床夹具的概述

4.1.1 工件装夹的基本概念

在机床上加工工件时,为使工件在该工序加工表面能达到规定的尺寸与形位公差要求,在开动机床进行加工之前,必须首先使工件在机床上占有正确的加工位置,这一过程称为工件的定位。工件在定位之后还不一定能承受外力的作用,为了使工件在加工过程中不致因外力的作用而破坏其正确位置,还必须对工件施加夹紧力,这一过程称为夹紧。工件的装夹,就是在机床上对工件进行定位和夹紧的总和,其目的就是使工件在加工过程中始终保持正确的加工位置,以保证达到加工要求。机床上用来装夹工件的工艺装备,称为机床夹具,简称夹具。

4.1.2 工件在机床上的装夹方法

① 直接找正装夹 把工件直接放在机床工作台上或放在四爪单动卡盘、机用虎钳等机床附件中,根据工件的一个或几个表面,用划针或指示表找正工件准确位置后再

进行夹紧的方法。此方法生产率低,加工精度主要取决于工人操作技术水平和测量工具的精确度,一般用于单件小批生产。图 4.1 所示为在机床上利用百分表直接找正工件位置的方法。

② 画线找正装夹　先根据工序简图在工件上划出中心线、对称线和加工表面的加工位置线等,然后在机床上按划好的线找正工件位置的方法。该方法生产率低、加工精度低,一般用于生产批量不大的工件。当所选用的毛坯为形状较复杂、尺寸偏差较大的铸件或锻件时,在加工阶段初期,为了合理分配加工余量,经常采用划线找正定位法,如图 4.2 所示。

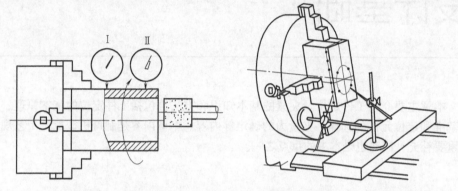

图 4.1　用四爪卡盘装夹和百分表直接找正　　图 4.2　用四爪卡盘和划针划线找正

③ 在夹具中安装　工件装在夹具上,将不再进行人工找正,直接根据夹具的设计精度便能直接得到工件准确加工的位置。中批以上生产中广泛采用的是专用夹具定位,用夹具定位可以大大提高加工效率。

4.1.3　机床夹具的工作原理和作用

(1) 夹具的工作原理

图 4.3 所示为一个钻孔夹具的装配图,其中图(a)为某轴套工件,其要求加工 $\phi 6H7$ 孔并保证轴向尺寸 $\phi 37.5\pm 0.02$。图(b)为钻床夹具,工件以内孔及端面定位,通过夹具上的定位销 6 及其端面即可确定工件在夹具中的正确位置,然后拧紧螺母 5,通过开口垫圈 4 可将工件夹紧,然后由装在钻模板 3 上的快换钻套 1 导引钻头进行钻孔。

(2) 夹具的作用

根据上述分析,可以得出夹具在机械加工中的作用如下:

① 保证工件的加工精度,稳定产品质量。机床夹具的首要任务是保证加工精度,特别是保证被加工工件的加工面与定位面之间以及被加工表面相互之间的尺寸精度和位置精度。使用夹具后,这种精度主要靠夹具和机床来保证,不再依赖于工人的技术水平。

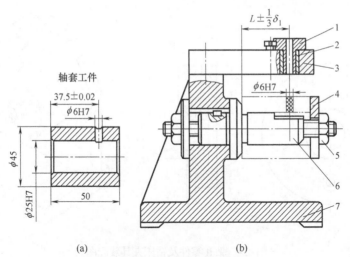

图 4.3　钻床夹具剖面图
1—快换钻套；2—衬套；3—钻模板；4—开口垫圈；5—螺母；6—定位销；7—夹具体

② 提高劳动生产率，降低成本。使用夹具后可减少划线、找正等辅助时间，而且易于实现多件、多工位加工。在现代夹具中，广泛采用气动、液压等机动夹紧，可使辅助时间进一步减少，因而可以提高劳动生产率，降低生产成本。

③ 扩大机床工艺范围。例如在普通车床或摇臂钻床上使用镗削夹具，就可以代替镗床对工件进行镗削加工。又例如使用靠模夹具，可在车床或铣床上进行仿形加工。

④ 改善工人劳动条件。使用夹具后，可使装卸工件方便、省力、安全。如采用气动、液压等机动夹紧装置，可以大大减轻工人劳动强度，保证安全生产。

4.1.4　夹具的组成与分类

（1）夹具的组成

机床夹具可以分成各种不同的类型，在加工中的作用也各不相同，但它们的组成部分却有相同之处，以图 4.4 所示的钻孔夹具为例，机床夹具都由下列基本功能部分组成。

① 定位装置　用于确定工件在夹具中占据正确的位置，它由各种定位元件构成。如图 4.4 所示，钻径向孔夹具中的圆柱销 5、菱形销 9 和支承板 4 都是定位元件。

② 夹紧装置　夹紧装置用于保持工件在夹具中的正确位置，保证工件在加工过程中受到外力作用时，已经占据的正确位置不被破坏。如图 4.4 所示，钻床夹具中的开口垫圈 6 是夹紧元件，与螺杆 8、螺母 7 一起组成夹紧装置。

③ 对刀与导向装置　用于确定刀具相对于夹具的正确位置和引导刀具进行加工。其中，对刀元件是在夹具中起对刀作用的零部件，如铣床夹具上的对刀块、塞尺等。导向元件是在夹具中起对刀和引导刀具作用的零部件。如图 4.4 所示，钻床夹具中的钻套 1 是导向元件。

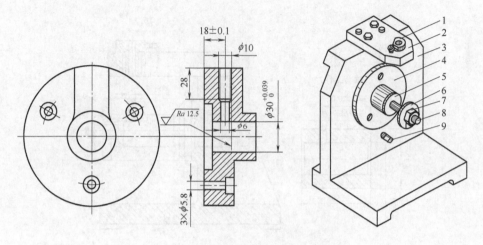

图 4.4 钻孔零件及钻床夹具装配图
1—快换钻套；2—钻套固定板；3—夹具体；4—支承板；5—圆柱销；6—开口垫圈；7—螺母；8—螺杆；9—菱形销

④ 夹具体　用于连接夹具上各个元件或装置，使之成为一个整体，并与机床的有关部位相连接，是机床夹具的基础件。如图 4.4 所示，钻床夹具的夹具体 3 将夹具的所有元件连接成一个整体。

⑤ 其他装置　根据夹具上特殊需要而设置的装置和元件，如分度装置、上下料装置、吊装搬运装置及工件的顶出让刀装置等。

以上这些组成部分，并不是对每种机床夹具都是必需的，但是，定位装置、夹紧装置和夹具体作为夹具的基本组成部分，一般来说是不可缺少的。

（2）夹具的分类

机床夹具种类繁多，可按不同的方式进行分类，常用的分类方法有以下几种。

1）按夹具的应用范围分类。

① 通用夹具　可在一定范围内用于加工不同工件的夹具。如车床使用的三爪卡盘、四爪卡盘，铣床使用的平口虎钳、万能分度头等。这类夹具已经标准化，作为机床附件由专业厂生产。

② 专用夹具　专为某一工件的某一道工序而设计和制造的夹具。其特点是结构紧凑、操作方便；可以保证较高加工精度和生产率；但设计和制造周期长，制造费用高；在产品变更后，因无法利用而导致报废。

③ 成组夹具　在成组工艺的基础上，针对某一组零件的某一工序而专门设计的夹具。在多品种小批量生产中，通用夹具的生产率低，采用专用夹具不经济。使用成组夹具，经少量调整或更换部分元件即可用于装夹一组结构和工艺特征相似的工件。这类夹具主要用于多品种、中小批量生产。

④ 组合夹具　由标准夹具零部件经过组装而成的专用夹具，是一种标准化、系列化、通用化程度高的工艺装备。其特点是组装迅速、周期短；通用性强，元件和组件可反复使用；产品变更时，夹具可拆卸、重复再用，这类夹具主要用于新产品试制以

及多品种、中小批量生产。

2）按使用机床分类。

分为车床夹具、铣床夹具、钻床夹具、镗床夹具、磨床夹具、齿轮加工机床夹具及其他机床夹具等。

3）按夹紧的动力源分类。

分为手动夹具、气动夹具、液压夹具、气液夹具、电磁夹具、真空夹具等。

4.2 工件在夹具中的定位

4.2.1 基准的概念

定位的目的是使工件在夹具中相对于机床、刀具占有确定的加工位置，并且应用夹具定位，还能使同一批工件在夹具中的加工位置一致性更好。在夹具设计中，定位方案不合理，工件的加工精度就无法保证。

如图4.5所示，顶面B的设计基准是底面D，孔IV的设计基准在垂直方向是底面D，在水平方向是导向面E；孔II的设计基准是孔III和孔IV的轴线（在图样上应标注R_2及R_3两个尺寸）。基准是由该零件在产品结构中的功用来决定的。

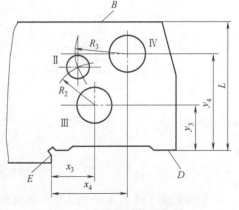

图4.5 主轴箱箱体设计图

主轴箱箱体的孔以底面D和导向面E定位，此时，底面D和导向面E就是加工时的定位基准。

测量基准是在检验时使用的基准。例如，在检验车床主轴时，用支承轴颈表面作测量基准。

装配基准是在装配时用来确定零件或部件在产品中位置所采用的基准。例如，主轴箱箱体的底面D和导向面E、活塞的活塞销孔、车床主轴的支承轴颈都是它们的装配基准。

调刀基准是在加工中用以调整加工刀具位置时所采用的基准。

4.2.2 六点定位原理及应用

前面已经提出，加工前必须使工件相对于刀具和机床的切削成形运动占有正确的位置，即工件必须要定位，同时工件在夹具中的定位还要保证同一批工件占有同一正确加工位置，这里需要讨论工件定位的基本条件和实现定位应遵循的原则。

（1）六点定位原理

任何一个工件在夹具中未定位之前，都可以看成是空间直角坐标系中的自由物体，即其空间位置是不确定的，可以有 6 个独立的运动。以图 4.6（a）所示的长方体为例，它在直角坐标系 $OXYZ$ 中可以有 3 个平移运动和 3 个转动，即沿 X、Y、Z 3 个坐标轴的平移运动，记为 $\vec{X}$、$\vec{Y}$、$\vec{Z}$；绕 X、Y、Z 3 个坐标轴的转动，记为 $\hat{X}$、$\hat{Y}$、$\hat{Z}$，通常把上述 6 个独立运动称为 6 个自由度。若使物体在某方向有确定的位置，就必须限制在该方向的自由度，所以要使工件在空间处于相对固定不变的位置，就必须对 6 个自由度加以限制。

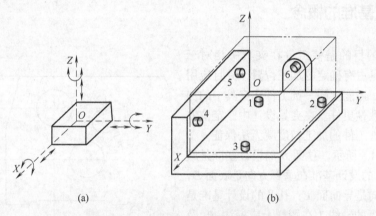

图 4.6　刚体的 6 个自由度和 6 个支承点

如何限制工件的 6 个自由度？最典型的方法就是设置如图 4.6（b）所示的在空间中按一定规律分布的 6 个支承点。工件的底面放置三个不共线的支承点 1、2、3，消除了工件沿 Z 轴移动、绕 X 轴转动和绕 Y 轴转动 3 个自由度；侧面放置两个支承点 4、5，消除了工件沿 Y 轴的移动和绕 Z 轴的转动 2 个自由度；后面放置一个支承点 6，消除了沿 X 轴移动的 1 个自由度。

在加工过程中，工件每次都放置在与六个支承点相接触的位置，从而使每个工件都得到了确定的位置，一批工件也获得了同一位置，从而保证了加工精度。同时，在分析工件定位时，由于每个支承与工件接触的面积很小，可以抽象为一个点，因此，可用一个支承点限制工件的一个自由度。

从以上分析可知，用合理分布的 6 个支承点限制工件的 6 个自由度，其中每个支承点相应地限制一个自由度，使工件在夹具中的位置完全确定，这个原理称为六点定位原理，简称"六点定则"。

在应用六点定位原理对工件进行定位时，应注意以下几点：

① 定位就是限制自由度，通常用合理布置定位支承点的方法来限制工件的自由度。

② 定位支承点限制工件自由度，应理解为定位支承点与工件定位基准面始终保持紧贴接触，若二者脱离，则意味着失去定位作用。

③ 一个定位支承点仅限制一个自由度，一个工件仅有六个自由度，所设置的定位支承点数目，原则上不应超过六个。

④ 分析定位支承点的定位作用时，不考虑力的影响。工件的某一自由度被限制，是指工件在这一方向上有确定的位置，并非指工件在受到使其脱离定位支承点的外力时，不能运动。使其在外力作用下不能运动，是夹紧的任务；反之，工件在外力作用下不能运动，即被夹紧，也并非是说工件的所有自由度都被限制了。所以，定位和夹紧是两个概念，不能混淆。

（2）常见的定位元件的定位效果分析

如前所述，定位支承点是抽象出来的概念，在实际的加工定位中体现为具体的夹具结构，这就需要对具体夹具结构的定位效果进行分析。如长圆孔和长心轴结构可以限制两个移动自由度和两个转动自由度，而短圆孔和短心轴则只能限制两个移动自由度；再如一个长条板可以限制一个移动自由度、一个转动自由度，两个长条板配合使用则相当于一个大面积支承板，可以限制一个移动自由度、两个转动自由度等。

常见的定位元件限制自由度的情况如表 4.1 所示。

表 4.1 常见定位元件所限制的自由度数

定位面	夹具的定位元件			
	定位情况	1 个支承钉	2 个支承钉	3 个支承钉
平面	支承钉 图示	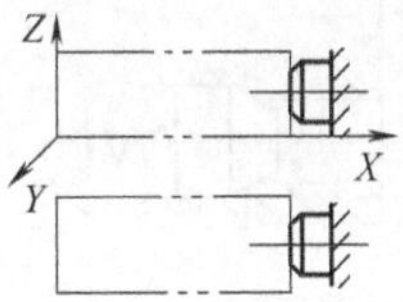	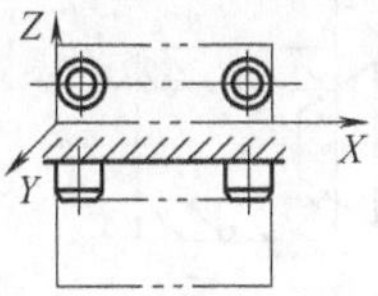	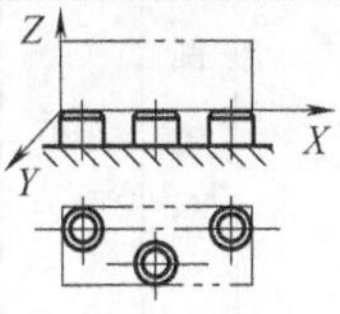
	限制的自由度	$\vec{X}$	$\vec{Y}\ \vec{Z}$	$\vec{Z}\ \hat{Y}\ \hat{X}$
	定位情况	1 块条形支承板	2 块条形支承板	1 块矩形支承板
	支承板 图示	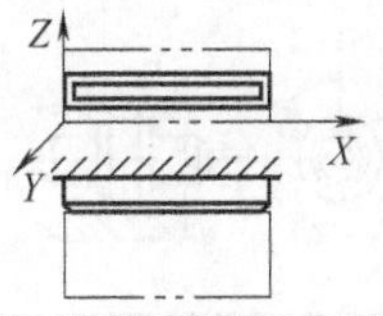	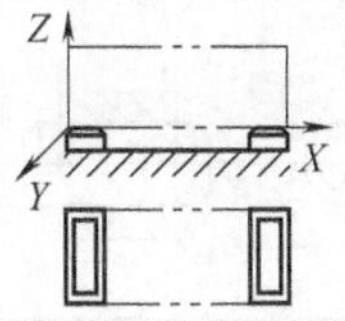	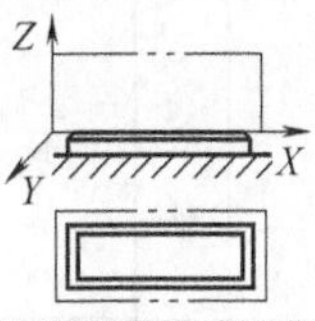
	限制的自由度	$\vec{Y}\ \vec{Z}$	$\vec{Z}\ \hat{X}\ \hat{Y}$	$\vec{Z}\ \hat{X}\ \hat{Y}$

续表

定位面		夹具的定位元件		
	定位情况	短圆柱销	长圆柱销	2段圆柱销
	图示	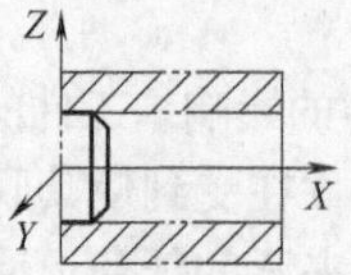	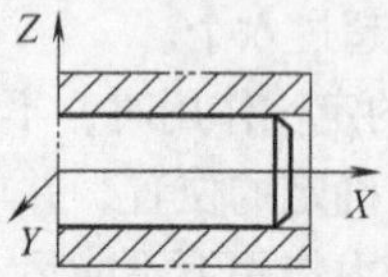	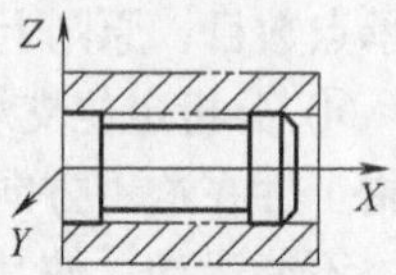
	限制的自由度	$\vec{Y}\ \vec{Z}$	$\vec{Y}\ \vec{Z}\ \hat{Y}\ \hat{Z}$	$\vec{Y}\ \vec{Z}\ \hat{Y}\ \hat{Z}$
圆孔	定位情况	菱形销	长销小平面组合	短销大平面组合
（圆柱销）	图示			
	限制的自由度	$\hat{Z}$	$\vec{X}\ \vec{Y}\ \vec{Z}\ \hat{Y}\ \hat{Z}$	$\vec{X}\ \vec{Y}\ \vec{Z}\ \hat{Y}\ \hat{Z}$
	定位情况	固定锥销	浮动锥销	圆锥销与浮动锥销组合
圆孔（圆锥销）	图示			
	限制的自由度	$\vec{X}\ \vec{Y}\ \vec{Z}$	$\vec{Y}\ \vec{Z}$	$\vec{X}\ \vec{Y}\ \vec{Z}\ \hat{Y}\ \hat{Z}$
	定位情况	长圆柱心轴	短圆柱心轴	小锥度心轴
圆孔（心轴）	图示			
	限制的自由度	$\vec{X}\ \vec{Z}\ \hat{X}\ \hat{Z}$	$\vec{X}\ \vec{Z}$	$\vec{X}\ \vec{Z}$

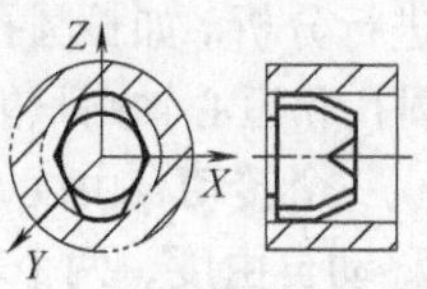

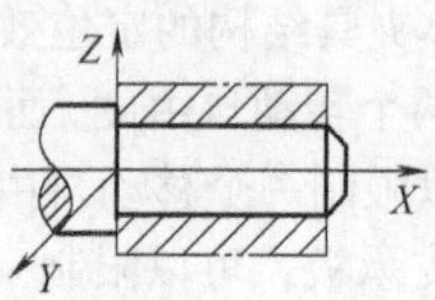

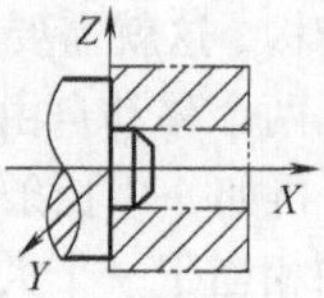

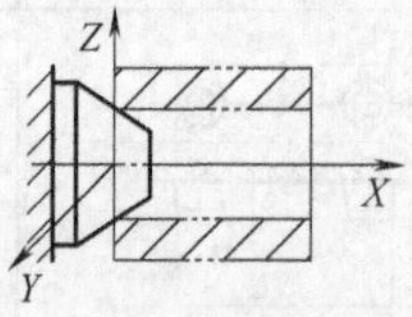

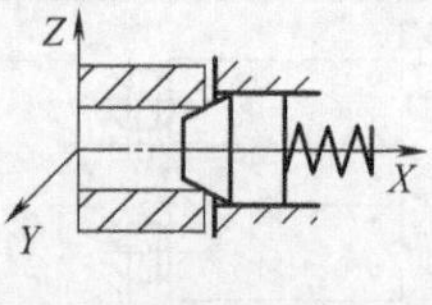

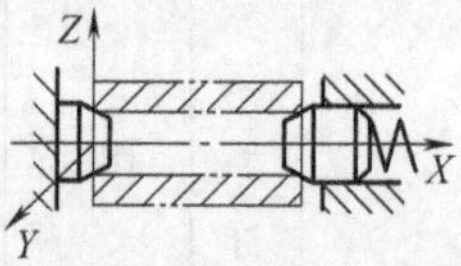

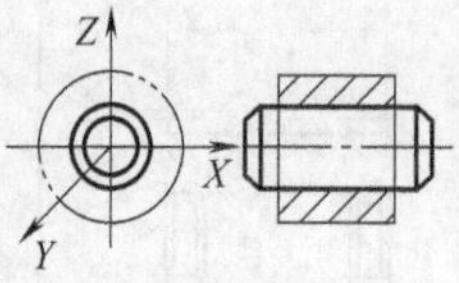

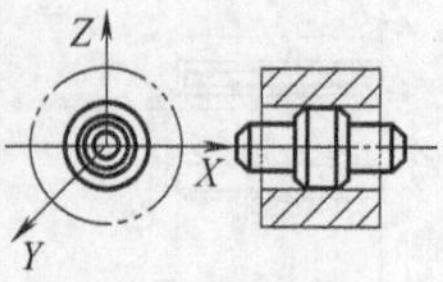

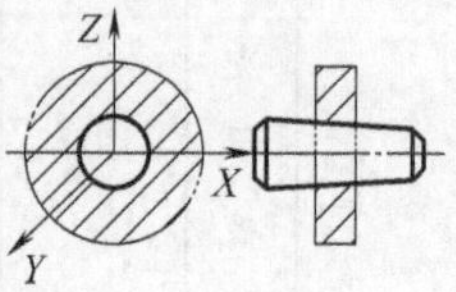

续表

定位面	夹具的定位元件			
外圆柱面	V形块	定位情况	1块短V形块	2块短V形块	1块长V形块
		图示	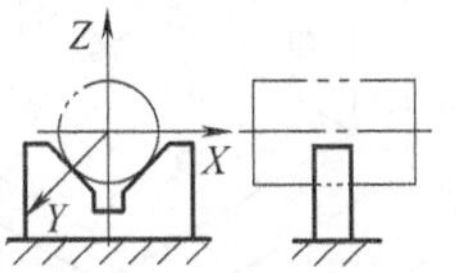	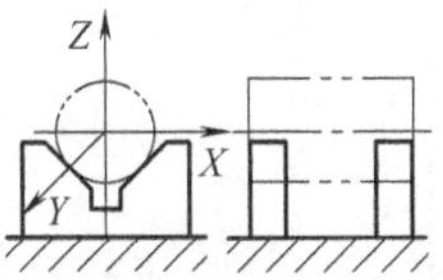	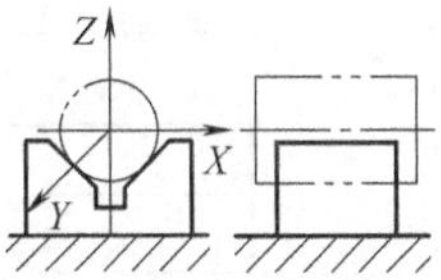
		限制的自由度	$\vec{X}\ \vec{Z}$	$\vec{X}\ \vec{Z}\ \hat{X}\ \hat{Z}$	$\vec{X}\ \vec{Z}\ \hat{X}\ \hat{Z}$
	定位套	定位情况	1个短定位套	2个短定位套	1个长定位套
		图示	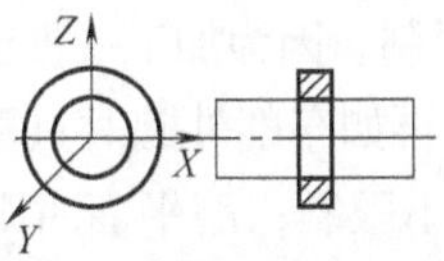	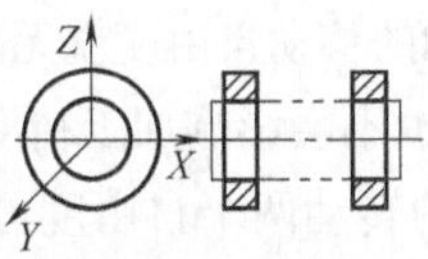	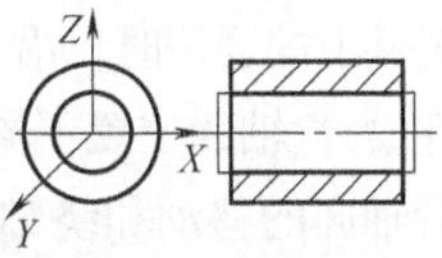
		限制的自由度	$\vec{X}\ \vec{Z}$	$\vec{X}\ \vec{Z}\ \hat{X}\ \hat{Z}$	$\vec{X}\ \vec{Z}\ \hat{X}\ \hat{Z}$
圆锥孔	锥顶尖和锥度心轴	定位情况	固定顶尖	活动顶尖	锥度心轴
		图示	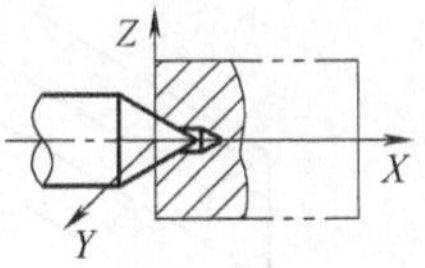	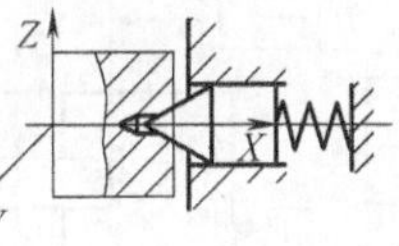	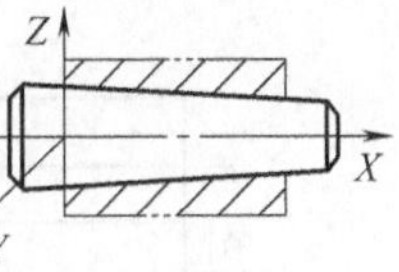
		限制的自由度	$\vec{X}\ \vec{Y}\ \vec{Z}$	$\vec{Y}\ \vec{Z}$	$\vec{X}\ \vec{Y}\ \vec{Z}\ \hat{Y}\ \hat{Z}$

（3）六点定位原理的应用原则

在实际生产中，应用六点定位原理对工件进行定位分析时，常有以下几种情况。

① 完全定位　如图4.7所示，加工工件上的不通槽，为保证槽底面与工件底面的平行度与尺寸A，必须限制工件沿Z轴移动及绕X、Y轴转动三个自由度；为保证槽侧面与工件侧面的平行度和尺寸B，必须限制绕Z轴转动和沿Y轴移动两个自由度；为保证槽的长度尺寸C，必须限制沿X轴移动，这样工件的六个自由度都被限制了。像这种工件采用了六个支承点，限制了工件全部六个自由度，使工件在夹具中占有唯一确定的位置的定位，称为完全定位。当工件在X、Y、Z三个方向都有尺寸精度或位置精度要求时，需采用这种完全定位方式。

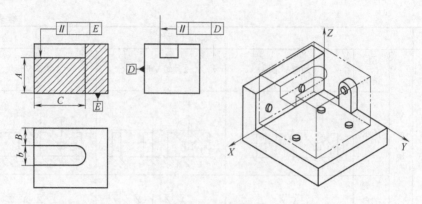

图 4.7 完全定位

② 不完全定位 在实际的加工过程中，很多时候为了达到某一工序的加工要求，并不是所有工件都必须设置六个支承点来限制工件的六个自由度。如图 4.8 所示，铣削工件上的通槽时，沿 Y 轴的移动自由度就无需限制。因为加工一批工件时，即使各个工件沿 Y 轴的位置不同，也不会影响加工精度。再如车削外圆时只需限制四个自由度，沿轴向的移动和绕轴线的转动两个自由度可以不限制；磨平面时则只需限制三个自由度，沿水平方向的两个移动自由度和绕竖直轴的转动自由度则无需被限制。像这种工件被限制的自由度少于六个，但能够保证加工要求的定位称为不完全定位或部分定位。不完全定位在加工中是允许的，在实际生产中普遍存在。

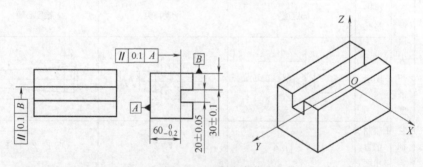

图 4.8 不完全定位

综上所述，加工工件时需要限制几个自由度，完全由工件的技术要求所决定。在考虑定位方案时，为简化夹具结构，对不需限制的自由度，一般不设置定位支承点。但也不尽然，如在光轴上铣通槽，按定位原理，轴的端面可不设置定位销，但常常设置一定位挡销，一方面可承受一定的切削力，以减小夹紧力，另一方面也便于调整机床的工作行程。

③ 欠定位与过定位 如果根据工件的加工技术要求，工件的定位支承点数少于应限制的自由度数，使得工件应该限制的自由度没有得到限制，这种定位称为欠定位。欠定位必然会导致本工序达不到所要求的加工精度，是绝对不允许的。相反，工件的同

一自由度被两个以上不同定位元件重复限制的定位，称为过定位或重复定位。如图 4.9（a）所示的连杆定位方案，长销限制了沿 X、Y 轴的移动和绕 X、Y 轴的转动四个自由度，支承板限制了绕 X、Y 轴的转动和沿 Z 轴的移动三个自由度，其中绕 X、Y 轴的转动被两个定位元件重复限制，这就产生了过定位。当连杆小头孔与端面有较大的垂直度误差时，夹紧力 F 将使长销弯曲或使连杆变形，见图 4.9（b）和（c），造成连杆加工误差，这时为不可用过定位。若采用图 4.9（d）所示方案，将长销改为短销，就不会产生过定位。

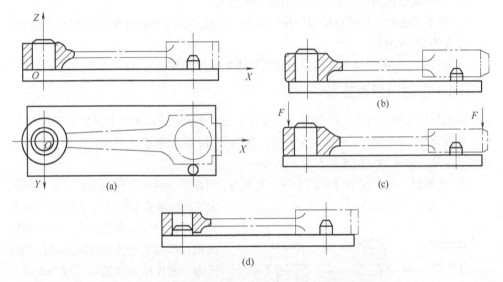

图 4.9 连杆大头孔加工时工件在夹具中的定位

由以上例子可以看出，过定位会产生下列不良后果：
① 可能使定位变得不稳定而使定位精度下降；
② 可能使工件或定位元件受力后产生变形；
③ 导致部分工件不能顺利地与定位件配合，即可能阻碍工件装入夹具中，造成干涉。

消除或减少过定位的方法主要有：
① 提高工件定位基准之间及定位元件工作表面之间的位置精度，减少过定位对加工精度的影响，使不可用过定位变为可用过定位。
② 改变定位方案，避免过定位。改变定位元件的结构，如圆柱销改为菱形销、长销改为短销等；或将其重复限制作用的某个支承改为辅助支承（或浮动支承）。

在某些情况下，过定位不仅是允许的，而且还会带来一定的好处，特别在精加工和装配中，过定位有时是必要的。例如，在加工长轴时，为了增强刚性、减少加工变形，也常常采用过定位的定位法，即将长轴的一端用三爪卡盘定心夹紧，而另一端又用尾顶尖顶住。

4.2.3 常见的定位方式与定位元件

工件的定位是用各种不同结构与形状的定位元件与工件相应的定位基准面相接触或配合来实现的。定位元件的选择及其制造精度直接影响工件的定位精度和夹具的制造及使用性能。一般来说，定位元件的设计应满足下列要求：

① 要有与工件相适应的精度。

② 要有足够的刚度，不允许受力后发生变形。

③ 要有耐磨性，以便在使用中保持精度。一般多采用低碳钢渗碳淬火或中碳钢淬火，硬度为 58~62HRC。

下面按照不同的定位基准面分别介绍常用的定位元件。

（1）工件以平面定位

在机械加工中，利用工件上的一个或几个平面作为定位基准面来定位工件的方式，称为平面定位。如箱体、机座、支架等，多以平面为定位基准。平面定位的主要形式是支承定位，常见的定位形式有以下几种：

① 支承钉　一个支承钉相当于一个支承点，可限制工件一个自由度。图 4.10 所示为三种标准支承钉结构，其中平头支承钉与工件定位基准之间有一定的接触面积，可以减少接触面间的单位接触压力，避免压坏接触面，减少支承钉的磨损，多用于工件以精基准定位；球头支承钉与定位基准面之间为点接触，容易保证接触点位置的相对稳定，但也容易磨损而失去精度，多用于工件以粗基准定位；齿纹支承钉有利于增大接触面间的摩擦力，防止工件移动，但落入齿纹中的切屑不易清除，故常用于要求摩擦力较大的侧面定位。

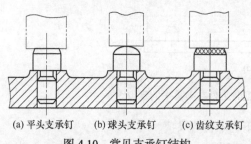

图 4.10　常见支承钉结构
(a) 平头支承钉　(b) 球头支承钉　(c) 齿纹支承钉

② 支承板　支承板适用于工件以精基准定位的场合。工件以大平面与一宽支承板相接触定位时，该支承板相当于三个不在一条直线上的定位支承点，可限制工件三个自由度。一个窄长支承板相当于两个定位支承点，可限制工件两个自由度。工件以一个大平面同时与两个窄长支承板相接触定位时，这两个窄长支承板相当于一个宽支承板，限制工件三个自由度。图 4.11 所示为两种标准支承板，其中 A 型支承板结构简单、紧凑，但切屑易落入螺钉头周围的缝隙中，不易清除，且影响定位精度，多用于侧面和顶面的定位；B 型支承板在工作面上有 45°的斜槽，且能保持与工件定位基准面连续接触，清除切屑方便，所以多用于底面定位。

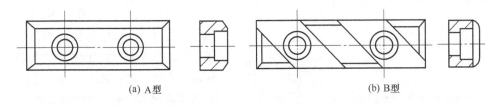

图 4.11 支承板

③ 可调支承 可调支承是指高度可以调节的支承，一个可调支承限制工件一个自由度。可调支承适用于铸造毛坯分批铸造，不同批次毛坯的形状和尺寸变化较大，而又以粗基准定位的场合，或用于以同一夹具加工形状相同而尺寸不同的工件，也可用于可调整夹具和成组夹具中。图 4.12（a）所示的可调支承，可用手直接调节或用扳手拧动进行调节，适用于支承小型工件；图 4.12（b）所示的可调支承具有衬套，可防止磨损夹具体；图 4.12（c）所示的可调支承需用扳手调节，这两种可调支承适用于支承较重的工件。

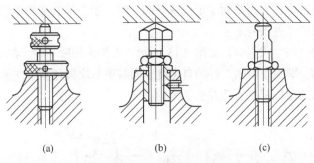

图 4.12 可调支承

④ 自位支承 也叫浮动支承，其工作特点是：支承点的位置能随着工件定位基准面的变化而自动调节，当定位基准面压下其中一点时，其余点便上升，直至各点都与工件接触。与工件作两点、三点（或多点）接触，作用相当于一个定位支承点，只限制一个自由度，但由于增加了接触点数，提高了工件的安装刚度和定位稳定性。

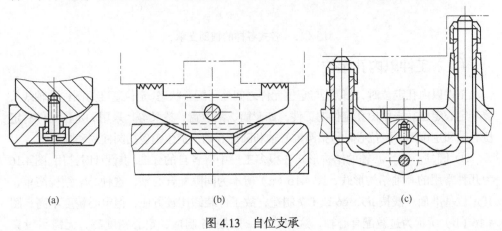

图 4.13 自位支承

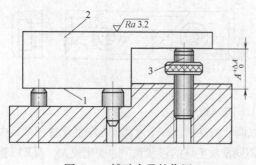

图 4.14 辅助支承的作用

常见的浮动支承结构如图 4.13 所示,图 4.13（a）是球面多点式浮动支承,绕球面活动,与工件作多点接触,作用相当于一点;图 4.13（b）和（c）是两点式浮动支承,绕销轴活动,与工件作两点接触,作用相当于一点。此时,虽增加了接触点的数目,但未发生过定位。

⑤ 辅助支承 在夹具中对工件不起限制自由度作用的支承称为辅助支承。工件因尺寸、形状特征或局部刚度较差,在切削力或工件自身重力作用下,主要支承定位不稳定或加工部件易产生变形时,可增设辅助支承。如图 4.14 所示,加工该阶梯零件的过程中,当用平面 1 定位铣平面 2 时,于工件右部底面增设辅助支承 3,可避免加工过程中工件的变形。

辅助支承的结构形式很多,如图 4.15 所示,无论采用哪一种,都应注意,辅助支承不起定位作用,即不应限制工件的自由度,同时更不能破坏基本支承对工件的定位,因此,辅助支承的结构都是可调并能锁紧的。

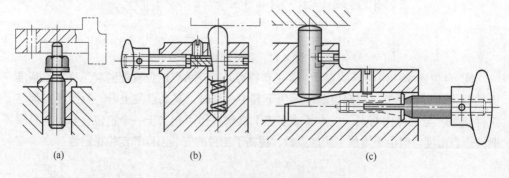

图 4.15 各式各样的辅助支承

（2）工件以内孔定位

工件以内孔定位时,定位孔与定位元件之间处于配合状态(定位基准为圆柱孔轴线),属于定心定位。采用内孔定位的工件,如套筒、法兰盘、拨叉等,采用的定位元件有定位心轴和定位销,定位心轴包括圆锥心轴和圆柱心轴,定位销包括圆柱销和圆锥销。

① 圆柱心轴 心轴的结构形式在很多工厂中有各自的标准,供设计时选用。图 4.16 为几种常用的心轴结构形式,图 4.16（a）所示为间隙配合心轴,这种心轴结构简单,其定位基准面一般按 h6、g6 或 f 7 制造,故工件装卸比较方便,但定心精度不高;图 4.16（b）所示为过盈配合心轴,这种心轴一般按 r6 制造,定心精度高,无需另设夹

紧装置，但装卸工件不便，且易损伤工件定位孔，多用于定心精度要求高的精加工场合；图 4.16（c）所示为花键心轴，用于加工以花键孔定位的工件，设计花键心轴时，应根据工件的不同定心方式来确定定位心轴的结构。

采用圆柱心轴定位时，按照心轴直径与长度的比值，可以分为长心轴和短心轴。安装时心轴常以圆柱面和端面联合定位，由于心轴与工件配合部分的长短在一定程度上会影响定位效果，因此一般认为，长心轴可限制工件 4 个自由度，短心轴可限制工件 2 个自由度。

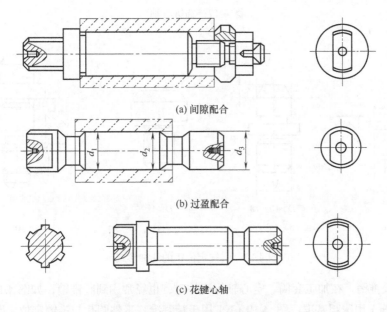

图 4.16　圆柱心轴的几种形式

② 圆锥心轴　为了消除工件与心轴的配合间隙，提高定心定位精度，在夹具设计中还可选用如图 4.17 所示的小锥度心轴。为防止工件在心轴上定位时的倾斜，此类心轴的锥度 K 通常取 1∶1000~1∶5000，心轴的长度则根据被定位工件圆孔的长度、孔径尺寸公差和心轴锥度等参数确定。这种定位方式的定心精度很高，可达到 $\phi 0.005~0.01\text{mm}$，K 越小，接触长度越长，定心精度越高，但因孔径变化而引起的轴向位置变化也越大，造成加工的不方便。所以适用于工件定位孔精度不低于 IT7 的精车和磨削加工，不能用于加工端面。

③ 圆柱销　圆柱定位销是轴向尺寸较短的圆柱形定位元件，可限制工件两个自由度。其工作表面直径的基本尺寸与相应的工件定位孔的基本尺寸相同，其精度可根据工件加工精度、定位基准面的精度和工件装卸的方便，按 g5、g6、f6、f7 等制造。图 4.18（a）~（c）所示为固定式定位销，定位销与夹具体的连接一般采用过盈配合，直接压配在夹具体上，用于定位元件不经常更换的情况；图 4.18（d）所示为可换式定位销，多用于大批量生产中，当销子磨损后，便于更换而不损坏夹具体。

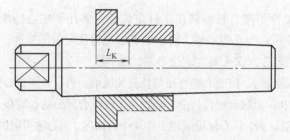

图 4.17　圆锥心轴

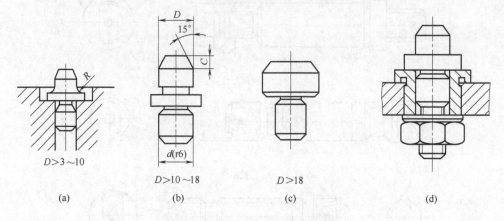

图 4.18　圆柱定位销的几种形式

④ 圆锥销　在加工套筒、空心轴等工件时，也经常用到圆锥销，如图 4.19 所示，图 4.19（a）用于粗基准，图 4.19（b）用于精基准。工件圆孔与锥销定位，圆孔与锥销的接触是一个圆，限制工件 X、Y、Z 3 个方向的移动自由度，还可根据需要设计菱形锥销，限制工件 2 个移动自由度。

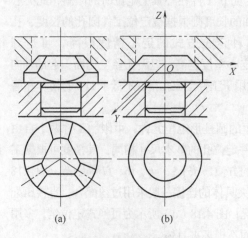

图 4.19　圆锥定位销

工件以圆孔与锥销定位能实现无间隙配合，但是单个圆锥销定位时容易倾斜，因此，圆锥销常与其他定位元件组合使用，如两个圆锥销成对使用（其中一个沿轴线方向可移动）可限制工件 5 个自由度。

（3）工件以外圆定位

以工件的外圆柱面定位有两种基本形式，定心定位和支承定位。在定心定位中，外圆柱面是定位基准面，外圆柱面的中心线是定位基准，如采用各种形式的定心三爪卡盘、弹簧夹头等，可以实现定位和夹紧同时完成。下面着重讲述定心定位中常见的定位套筒、半圆套和支承定位中常见的 V 形块。

① 定位套筒　定位套筒的安装形式如图 4.20 所示,它装在夹具体上,用以支承外圆表面,起定位作用。这种定位方法,定位元件结构简单,但定心精度不高,当工件外圆与定位孔配合较松时,还易使工件偏斜,因而常采用套筒内孔与端面一起定位,以减少偏斜。若工件端面较大,为避免过定位,定位孔应做短一些。

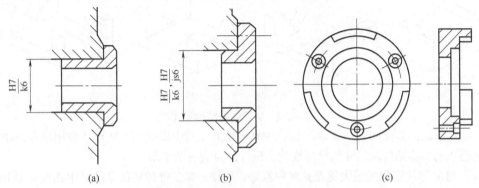

图 4.20　定位套筒的安装形式

图 4.20(a)所示是带小端面的长定位套,工件以较长的外圆柱面在长定位套的孔中定位,限制工件四个自由度,同时工件以端面在定位套的小端面上定位,限制工件一个自由度,共限制了工件五个自由度;图 4.20(b)、(c)所示是带大端面的短定位套,工件以较短的外圆柱面在短定位套的孔中定位,限制工件两个自由度,同时工件以端面在定位套的大端面上定位,限制工件三个自由度,共限制了工件五个自由度。

② 半圆套　图 4.21 所示为半圆套结构简图,下半圆套是定位元件,上半圆套起夹紧作用,主要适用于大型轴类工件及从轴向进行装卸不方便的工件。图 4.21(a)为可卸式,图 4.21(b)为铰链式,后者装卸工件更方便。短半圆套限制工件两个自由度,长半圆套限制工件四个自由度。

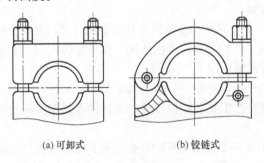

(a)可卸式　　　　(b)铰链式

图 4.21　半圆套结构

③ V 形块　工件以外圆定位时,最常用的定位元件是 V 形块。图 4.22 所示为常用

V形块的结构形式，其中图4.22（a）用于较短的外圆柱面定位，可限制工件两个自由度，其余三种用于较长的外圆柱表面或阶梯轴定位，可限制工件四个自由度。其中图4.22（b）用于以粗基准面定位；图4.22（c）用于以精基准面定位，图4.22（d）用于工件较长、直径较大的重型工件的定位，这种V形块一般做成在铸铁底座上镶嵌硬支承板或硬质合金板的结构形式。

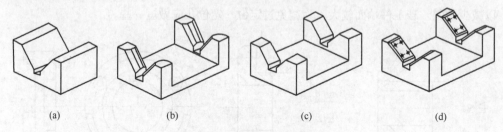

图4.22　V形块的结构形式

V形块两斜面间夹角 α 常取 60°、90° 或 120°，其中以 90° 的 V 形块应用最多，90° V形块的典型结构和尺寸均已标准化，设计时可查有关手册。

用V形块定位的最大优点是对中性好，可使一批工件的定位基准对中在V形块两斜面的对称平面上，而不受定位基准面直径误差的影响，且装夹很方便。另外，它既适用于完整外圆，也适用于非完整外圆及局部曲线柱面定位，还能与其他定位元件组合使用，因此应用广泛。

④ 组合定位　实际加工中往往不能用单一定位元件定位单个表面，而是要用几个定位元件组合起来同时定位工件的几个定位面。实质上就是把前面介绍的各种定位元件作不同组合来定位工件相应的几个定位面，以达到工件在夹具中的定位要求，这种定位分析就是组合定位分析。

组合定位分析要点：

a. 几个定位元件组合起来定位一个工件相应的几个定位面，该组合定位元件能限制工件的自由度总数等于各个定位元件单独定位各自相应定位面时所能限制自由度的数目之和，不会因组合后而发生数量上的变化，但它们限制了哪些方向的自由度却会随不同组合情况而改变。

b. 组合定位中，定位元件在单独定位某定位面时原起限制工件移动自由度的作用可能会转化成起限制工件转动自由度的作用。但一旦转化后，该定位元件就不再起原来限制工件移动自由度的作用了。

c. 单个表面的定位是组合定位分析的基本单元。

组合定位时，常会产生重复定位现象，若这种重复定位不允许，则可采取下列消除重复定位的措施：

a. 使定位元件沿某一坐标轴可移动，来消除其限制沿该坐标轴移动方向自由度的作用。

b. 采用自位支承结构，消除定位元件限制绕某个（或两个）坐标轴转动方向自由度的作用。

c. 改变定位元件的结构形式。

下面介绍几种不同组合形式的定位分析。

（1）一个平面和两个与其垂直的孔的组合

在箱体、连杆、盖板等类零件的加工中，常采用这种组合定位，俗称"一面二孔"定位，此时所用的定位元件是平面支承板和两个定位销，故又称为"一面两销"定位。

图 4.23 所示为"一面二孔"定位的安装形式，这种情况下的两圆柱销重复限制了沿 X 方向的移动自由度，属于过定位。由于工件上两孔的孔心距和夹具上两销的销心距均会有误差，因而有可能会出现相互干涉现象，这是"一面二孔"定位需要解决的主要问题。

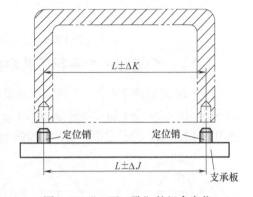

图 4.23 "一面二孔"的组合定位

解决这一问题的方式有两种：减小销的直径，使其与孔具有最小间隙，以补偿孔、销的中心距偏差。或者将销做成削边销，其结构形状如图 4.24 所示。

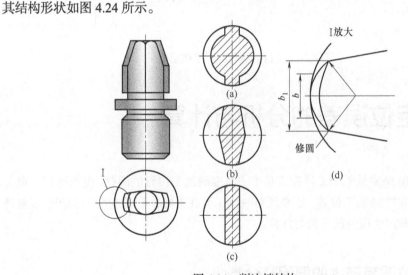

图 4.24 削边销结构

（2）一个平面和两个与其垂直的外圆柱面的组合

图 4.25 是工件在垂直平面定位后，再将工件左端用圆孔或 V 形块定位，工件右端外圆所用的 V 形块必须做成浮动结构，使其只能限制工件一个自由度，否则就会出现过定位。

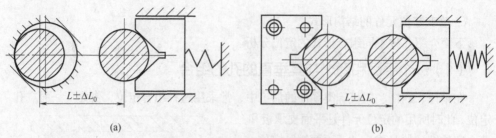

图 4.25 工件以端面和两外圆定位

(3) 一个孔和一个平行于孔中心线的平面的组合

图 4.26 所示两个零件，均需以大孔及底面定位，加工两小孔。视其加工尺寸要求的不同，图 4.26（a）所示零件选用图 4.26（c）所示定位方案，图 4.26（b）所示零件选用图 4.26（d）所示定位方案，均能避免过定位，并保证工件要求。

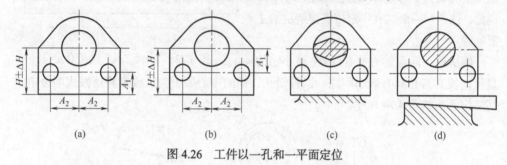

图 4.26 工件以一孔和一平面定位

4.3 定位误差的分析与计算

定位分析解决的是单个工件在夹具中占有准确加工位置的问题。但要达到一批工件在夹具中占有准确加工位置，还必须对一批工件在夹具中定位时会不会产生误差进行分析计算，即定位误差的分析与计算。

4.3.1 定位误差产生的原因及分类

调刀基准：在零件加工前对机床进行调整时，为了确定刀具的位置，还要用到调刀基准，由于最终的目的是确定刀具相对工件的位置，所以调刀基准往往选在夹具上定位元件的某个工作面上。因此它与其他各类基准不同，不是体现在工件上，而是体现在夹具中，是通过夹具定位元件的定位工作面来体现的，它也是在加工精度参数（尺寸、位置)方向上调整刀具位置的依据。因此,若加工精度参数是尺寸时,则夹具图上应以调刀基准标注调刀尺寸。

调刀基准与定位基准的对应关系如图 4.27 所示。

定位误差产生的原因:定位误差是由于工件在夹具上定位不准确而引起的一种加工误差。对一批工件来说,刀具经调整后位置是不动的,即被加工表面的位置

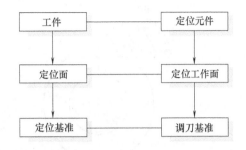

图 4.27 调刀基准与定位基准的关系

相对于定位基准是不变的。如果工件在夹具中定位不准确,将会使设计基准在加工尺寸方向上产生偏移,往往导致加工后工件达不到要求。因此,设计基准在工序尺寸方向上的最大位置变动量,称为定位误差,以 Δ_{DW} 表示。计算定位误差的目的就是要判断定位精度,看定位方案能否保证加工要求。

根据误差产生的原理不同,定位误差可以分为基准不重合误差和基准位移误差两种。

① 基准不重合误差　定位基准与工序基准不重合产生的定位误差,即工序基准相对定位基准在加工尺寸方向上的最大变动量,用 Δ_{JB} 表示。如图 4.28 所示,零件先加工上表面,再加工台阶面,台阶面的工序尺寸为上表面。由于上表面的位置存在加工误差 ΔH,而其定位基准为工作台表面,这就会因为工序基准与定位基准不重合而导致误差,这就是基准不重合误差。为了避免这种误差,可以将零件垫高,同时采用上表面为定位基准,使之与设计基准重合。

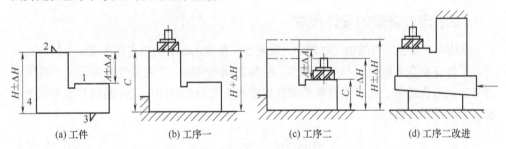

图 4.28 基准不重合产生的定位误差

② 基准位移误差　定位副制造不准确产生的定位误差,即定位基准的相对位置在加工尺寸方向上的最大变动量,用 Δ_{JW} 表示。如图 4.29 所示,加工平面的定位基准与设计基准均为中心线,此时没有基准不重合误差,但由于二者是间隙配合,工件的定位孔与心轴的圆柱面制造误差及两者间隙配合的原因,工件孔在心轴上定位时因自重的影响,使工件的定位基准(孔的轴线)下移,这种定位基准的位置变动影响到加工尺寸 A 的大小,给尺寸 A 造成误差,这个误差就是基准位移误差。

(1) 定位误差的计算公式

如前所述,定位误差由基准不重合误差与基准位移误差两部分组成。计算时可以

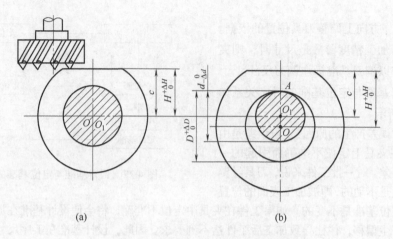

图 4.29 基准位移产生的定位误差

先根据定位方法分别计算出基准不重合误差 Δ_{JB} 和基准位移误差 Δ_{JW}，然后将两者合成定位误差 Δ_{DW}，即：

$$\Delta_{DW} = \Delta_{JW} \pm \Delta_{JB} \tag{4-1}$$

这里需要分析一下这两个误差对总定位误差的综合影响：若工序基准不在定位基准面上，取"+"号；若工序基准在定位基准面上，在定位基准面尺寸变动方向一定的条件下，当 Δ_{JB} 与 Δ_{JW} 变动方向相同，即对工序尺寸影响相同时，取"+"号；当二者变动方向相反，即对工序尺寸影响相反时，取"-"号。

（2）定位误差的设计要求

在用夹具定位工件的加工过程中，影响加工精度的因素包括夹具在机床上的装夹误差、工件在夹具中的定位和夹紧误差、机床的调整误差、工艺系统变形误差、机床和刀具的制造误差等，为了给其他类型的误差留有充分的空间，定位误差与加工精度一般应满足下列关系：

$$\Delta_{DW} \leqslant \left(\frac{1}{5} \sim \frac{1}{3}\right) T \tag{4-2}$$

式中，T 为工件的工序尺寸公差或位置公差。

4.3.2 几种常见表面的定位误差计算

（1）工件以平面定位

工件以平面定位时，定位基准为工件与夹具接触的表面，工序基准为图样上标注工序尺寸的表面，此时的基准位移误差和基准不重合误差，可做如下讨论：

① 工件以未加工过的毛坯表面定位时（粗基准），只能用三个球头支承钉实现三点定位，消除工件的三个自由度。此时一批工件定位状况相差较大，如平面度误差为 ΔH，则基准位移误差：

$$\Delta_{JW} = \Delta H$$

② 工件以加工平面定位时（精基准），用平头支承钉、支承板等定位元件，消除工件的三个自由度。由于平面度误差很小，通常忽略不计，即基准位移误差 $\Delta_{JW} = 0$。

③ 工件以平面定位时，若定位基准与工序基准重合，则不存在基准不重合误差。若二者不重合，则基准不重合误差一般为二者尺寸的公差值，即 $\Delta_{JB} = T$。

（2）工件以心轴定位的定位误差分析

工件以内孔定位时，定位基准是内孔中心线。其可能产生的定位误差将随定位方式和定位时圆孔与定位元件配合性质的不同而各不相同，现分别进行分析和计算。

① 工件孔与定位心轴（或定位销）过盈配合定位 用定心机构定位（如弹性心轴）或用过盈配合定位心轴（圆柱定位销）定位时，可以实现无间隙配合，如图4.30所示，此时二者没有相对运动，所以基准位移误差 $\Delta_{JW} = 0$。此时，若工序基准与定位基准重合，如图4.30（a）中的工序尺寸 H_1，则定位误差为：

$$\Delta_{DW} = \Delta_{JW} + \Delta_{JB} = 0$$

若工序基准在工件定位孔的母线上，如图4.30（b）中的 H_2 尺寸，则定位误差为：

$$\Delta_{DW} = \Delta_{JW} + \Delta_{JB} = \Delta_{JB} = \delta_d/2$$

若工序基准在工件外圆母线上，如图4.30（c）中的 H_3 尺寸，则定位误差为：

$$\Delta_{DW} = \Delta_{JW} + \Delta_{JB} = \Delta_{JB} = \delta_D/2$$

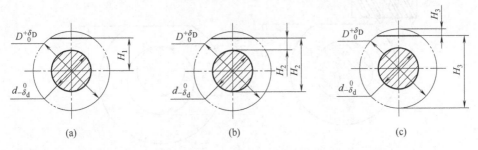

图 4.30 工件以圆柱孔在过盈配合心轴上定位时定位误差分析

② 工件孔与定位心轴（或定位销）间隙配合定位 用间隙配合定位心轴（或圆柱定位销）定位时，由于定位基准面和定位元件的制造公差及配合间隙的存在，将产生基准位移误差 Δ_{JW}。此时孔与轴的接触有两种情况：

a. 孔与定位心轴任意边接触 工件孔与定位心轴可能以任意边接触，应考虑加工尺寸方向两个极限位置及孔轴的最小配合间隙的影响。如图4.31所示，设孔与轴配合基本尺寸为 D，孔的极限尺寸为 D_{max}、D_{min}，公差为 δ_D；轴的极限尺寸为 d_{max}、d_{min}，

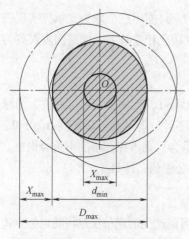

图 4.31 孔与定位心轴任意边接触时基准位移误差

公差为 δ_d。当孔的尺寸为 D_{max}，心轴尺寸为 d_{min} 时，定位基准的变动量最大，等于孔轴的最大配合间隙 X_{max}，基准位置误差为：

$$\Delta_{JW} = X_{max} = \delta_D + \delta_d + X_{min} \quad (4\text{-}3)$$

b. 孔与定位心轴固定边接触　此时工件由于自重作用，使工件孔与定位心轴的上母线始终单边接触，不能随意移动。如图 4.32 所示。当定位销直径为 d_{min}，工件孔径为 D_{max} 时，定位基准位于 O_1，此时定位基准的位移量最大：$\Delta_{max} = \dfrac{D_{max} - d_{min}}{2}$，当定位销直径为 d_{max}，工件孔径为 D_{min} 时，定位基准为 O_2，此时定位基准的位移量最小：$\Delta_{min} = \dfrac{D_{min} - d_{max}}{2}$，基准位移误差为定位基准的最大变动量

$$\Delta_{JW} = \overline{O_1 O_2} = \dfrac{\delta_D + \delta_d}{2} \quad (4\text{-}4)$$

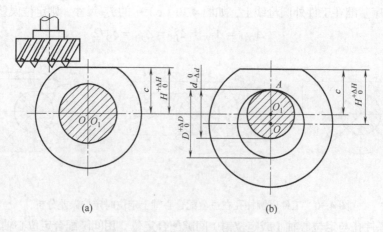

图 4.32 孔与定位心轴固定边接触时基准位移误差

此时的基准不重合误差需要看图样键槽标注的起始尺寸位置，如果键槽起始尺寸为定位基准中心孔，则基准不重合误差 $\Delta_{JB} = 0$；若起始尺寸为某圆柱面的母线，则此时基准不重合误差 $\Delta_{JB} = T/2$。

（3）工件以 V 形块定位的定位误差分析

这里主要分析外圆柱面在 V 形块上定位的情形。如图 4.33 所示的工件以外圆柱面在 V 形块上定位铣键槽。定位基准是外圆柱面的中心线，外圆柱面是定位基准面。由于 V 形块是一种对中元件，若不考虑 V 形块的制造误差，则工件定位基准在 V 形块的对称面上，因此工件中心线在水平方向上的位移为零。但在垂直方向上，因工件外圆柱面有制造误差 δ_d，而产生基准位置误差 Δ_{JW}。

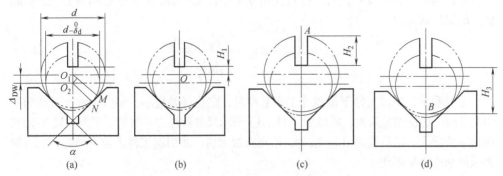

图 4.33　工件在 V 形块上定位时基准位移误差

如图 4.33（a）所示，设 O 是定位基准的理想状态，由于工件外圆柱面 d 制造误差 δ_d 的存在，O 在 O_1、O_2 之间变动。定位基准的最大变动量 $\overline{O_1O_2}$ 为基准位移误差。由图示几何关系可得，在竖直方向上定位误差为：

$$\Delta_{JW} = O_1O_2 = \frac{O_1M - O_2N}{\sin\frac{\alpha}{2}} = \frac{\frac{1}{2}d - \frac{1}{2}(d-\delta_d)}{\sin\frac{\alpha}{2}} = \frac{\delta_d}{2\sin\frac{\alpha}{2}}$$

式中　δ_d——工件定位外圆柱面的直径公差；

α——V 形块的夹角。

图 4.33（b）~（d）所示为工件槽深的三种不同工序尺寸标注情况，现分别分析计算其定位误差。

图 4.33（b）中，工序基准为外圆柱面的中心线。工序尺寸为 H_1，工序基准与定位基准重合，因此 $\Delta_{JB} = 0$，只有基准位置误差，故影响工序尺寸 H_1 的定位误差为：

$$\Delta_{DW} = \Delta_{JW} + \Delta_{JB} = \frac{\delta_d}{2\sin\frac{\alpha}{2}} \tag{4-5}$$

图 4.33（c）中，工序基准为上母线 A，工序尺寸为 H_2。此时，工序基准与定位基准不重合，其误差为 $\Delta_{JB} = \delta_d/2$，基准位移误差 Δ_{JW} 同上。当工件直径尺寸减小时，工件定位基准将下移；当工件定位基准位置不变时，若工件直径尺寸减小，则工序基

准 A 下移，两者变化方向相同，故定位误差为：

$$\Delta_{DW} = \Delta_{JW} + \Delta_{JB} = \frac{\delta_d}{2\sin\frac{\alpha}{2}} + \frac{\delta_d}{2} \qquad (4-6)$$

图 4.33（d）中，工序尺寸为 H_3，工序基准为下母线 B，其基准不重合误差 Δ_{JB} 与基准位移误差 Δ_{JW} 均同上。当工件直径尺寸减小时，定位基准将依然下移，但是，当工件定位基准位置不变时，若工件直径尺寸减小，工序基准将上移，两者变化方向相反，故定位误差为：

$$\Delta_{DW} = \Delta_{JW} - \Delta_{JB} = \frac{\delta_d}{2\sin\frac{\alpha}{2}} - \frac{\delta_d}{2} \qquad (4-7)$$

可以看出，当以工件下母线为工序基准时，定位误差最小，而以工件上母线为工序基准时，定位误差最大，所以图 4.33（d）所示尺寸标注方法最好。另外，随 V 形块夹角 α 的增大，定位误差 Δ_{DW} 减小，但夹角过大时，将引起工件定位不稳定，故一般多采用 90° 的 V 形块。

4.3.3 定位误差计算举例

下面举例说明几种典型定位方式中定位误差的计算方法。

【例 4.1】 采用如图 4.34（a）所示的定位方案铣削工件上的台阶面，其他表面均已加工完毕，试分析和计算工序尺寸（20±0.15）mm 的定位误差，并判断这一方案是否可行，如何改进该加工方案。

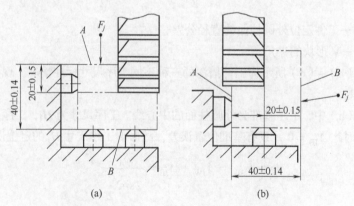

图 4.34 铣削工件上的台阶面时的定位方案

解：由于工件以 B 面为定位基准，而加工尺寸（20±0.15）mm 的工序基准为 A 面，两者不重合，所以存在基准不重合误差。工序基准和定位基准之间的联系尺寸是

40mm±0.14mm，因此基准不重合误差是该尺寸的公差：$\Delta_{JB} = \Delta_{40} = 0.28$mm。同时工件以平面定位，定位基准 B 面制造得平整光滑，同批工件的定位基准位置不变，不会产生基准位移误差，即 $\Delta_{JW} = 0$，所以尺寸（20±0.15）的定位误差为：

$$\Delta_{DW} = \Delta_{JW} + \Delta_{JB} = 0 + 0.28\text{mm} = 0.28\text{mm}$$

而工序尺寸（20±0.15）mm 的公差 $\delta_{20} = 0.3$mm，由于 $\Delta_{DW} > \delta_{30}/3 = 0.3/3 = 0.1$mm，加工中容易出现废品，此方案不宜采用。可改为图 4.34（b）所示方式进行定位。

【**例 4.2**】 有一批如图 4.35 所示的工件，$\phi 50h6(_{-0.016}^{0})$ mm 外圆，$\phi 30H7(_{0}^{+0.021})$ mm 内孔和两端面均已加工合格，并保证外圆对内孔的同轴度误差在 $T(e) = \phi 0.015$ mm 范围内。今按图示的定位方案，用 $\phi 30g6(_{-0.020}^{-0.007})$ mm 心轴定位，在立式铣床上用顶尖顶住心轴，铣宽为 $12h9(_{-0.043}^{0})$ mm 的键槽。除槽宽要求外，还应满足下列要求：

① 槽的轴向位置尺寸为 $l = 25h12(_{-0.21}^{0})$ mm；
② 槽底位置尺寸 $H = 42_{-0.10}^{0}$ mm；
③ 槽两侧面对 $\phi 50$ 外圆轴线的对称度公差 $T(c) = 0.06$ mm。

试分析计算定位误差。

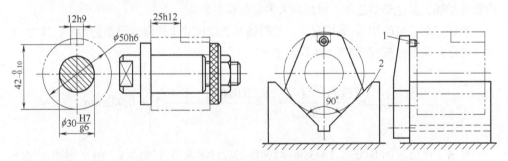

图 4.35 例 4.2 用图

解：除槽宽由铣刀相应尺寸保证外，现分别分析上面三个加工精度参数的定位误差。

① 尺寸 $l = 25h12(_{-0.21}^{0})$ 的定位误差。

设计基准（工序基准）是工件左端面，定位基准也是工件左端面，基准重合，$\Delta_{JB1} = 0$；调刀基准是心轴左端的定位工作端面，与定位基准紧靠在一起（重合），因此 $\Delta_{JW1} = 0$，所以，总的定位误差 $\Delta_{DW1} = 0$。

② 尺寸 $H = 40_{-0.10}^{0}$ 的定位误差。

该尺寸的设计基准是外圆的最低母线，定位基准是内孔轴线，定位基准和设计基准不重合，两者的联系尺寸是外圆半径 $d/2$ 和外圆对内孔的同轴度误差 $T(e)$，并且与 H 尺寸的方向相同，故基准不重合误差为

$$\Delta_{JB2} = T(d)/2 + T(e) = 0.016/2 + 0.015 = 0.023\text{mm}$$

另外，H 方向的调刀基准为定位心轴的轴线，定位基准为工件内孔轴线，内孔与心轴作间隙配合，因此，该批工件的定位基准相对夹具的调刀基准在 H 尺寸方向上存在基准位移误差，可求得

$$\Delta_{\text{JW2}} = T(D) + T(d) + \Delta = 0.021 + 0.016 + 0.007 = 0.044\text{mm}$$

因此，定位误差

$$\Delta_{\text{DW2}} = \Delta_{\text{JB2}} + \Delta_{\text{JW2}} = 0.023 + 0.044 = 0.067\text{mm}$$

③ 对称度 $T(c) = 0.06$ 的定位误差。

外圆轴线是对称度的设计基准，定位基准是内孔轴线，二者不重合，以同轴度 $T(e)$ 联系起来，故基准不重合误差 $\Delta_{\text{JB3}} = T(e) = 0.015\text{mm}$。而此时基准位移误差 $\Delta_{\text{JW3}} = 0.041\text{mm}$，故总的定位误差为

$$\Delta_{\text{JW3}} = \Delta_{\text{JB3}} + \Delta_{\text{JW3}} = 0.015 + 0.041 = 0.056\text{mm}$$

④ 定位误差的评价与定位方案的改进。

尺寸 H 和同轴度 $T(c)$ 的定位误差占工序公差的比例过大，分别为：0.067/0.10=67%以及 0.056/0.06=93%。

原因：二者的设计基准均为外圆上的要素，即下母线和外圆轴线，而定位基准是内孔的轴线，误差环节过多，形成较大的定位误差。

改进方案：可改用 V 形块定位，此时键槽长度尺寸 l 的定位误差仍为零，尺寸 H 尺寸的定位误差，按式（4-7）计算为

$$\Delta_{\text{DW2}} = \frac{T(d)}{2}\left(\frac{1}{\sin\alpha} - 1\right) = \frac{0.016}{2} \times \left(\frac{1}{\sin\frac{\pi}{4}} - 1\right) = 0.003\text{mm}$$

只占工序公差的 0.003/0.10=3%。对称度的设计基准是外圆轴线，用 V 形块定位外圆时定位基准也是外圆轴线，基准重合，$\Delta_{\text{JB}} = 0$。虽然外圆直径的变化会导致外圆轴线在竖直方向上发生基准位移，但键槽对称度公差带位于水平方向，因此基准位移产生的 $\Delta_{\text{JW}} = \delta_{\text{JW}}\cos\frac{\pi}{2} = 0$，因此 $\Delta_{\text{JW3}} = \Delta_{\text{JB}} + \Delta_{\text{JW}} = 0 + 0 = 0$，完全可以保证对称度的加工要求，这就是 V 形块的对中效果。

本例同时也说明：定位误差是分析比较定位方案并从中选择合理方案的重要依据。

【例 4.3】 如图 4.36 所示，外圆以 V 形块定位（V 形块夹角 $\alpha = 60°$），不考虑 V 形块的制造误差，轴的直径为 $d = 40_{-0.5}^{0}\text{mm}$，求尺寸 H_2 的定位误差。

解： 由前面分析可知，工件的定位基准为水平中心线，工序基准为外圆下母线，定位基准面为外圆与 V 形块接触面。因此工序基准与定位基准不重合，所以存在基准不重合误差：

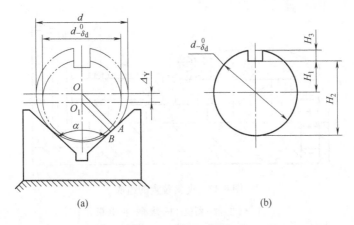

图 4.36 例 4.3 用图

$$\Delta_{JB} = T_d / 2 = 0.5 / 2 = 0.25 \text{mm}$$

工件外圆以 V 形块定位，所以基准位移误差为：

$$\Delta_{JW} = \frac{T_d}{2\sin\alpha/2} = \frac{0.5}{2 \times \sin 30°} = 0.5 \text{mm}$$

工序基准和定位接触点在定位基准的同侧，所以定位基准为：

$$\Delta_{DW} = \Delta_{JW} - \Delta_{JB} = 0.5 - 0.25 = 0.25 \text{mm}$$

4.4 工件在夹具中夹紧

工件定位之后，在切削加工之前，必须用夹紧装置将其夹紧，以防止在加工过程中由于受到切削力、重力、惯性力等的作用发生位移和振动，影响加工质量，甚至使加工无法顺利进行。因此，夹紧装置的合理选用至关重要。夹紧装置也是机床夹具的重要组成部分，对夹具的使用性能和制造成本等有很大的影响。

4.4.1 夹紧装置的组成及基本要求

（1）夹紧装置的组成

图 4.37 所示是夹紧装置组成的示意图，夹紧装置由动力装置、夹紧元件、中间传力机构等组成。

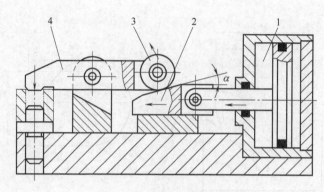

图 4.37 夹紧装置的组成

1—气缸；2—斜楔；3—滚子；4—压板

① 动力装置　产生夹紧原始作用力的装置，对机动夹紧机构来说，是指气动、液压、电力等动力装置。如图 4.37 中的气缸就属于动力装置。对于手动夹紧来说，力源为人力。

② 夹紧元件　实现夹紧的最终执行元件，通过它和工件直接接触而完成夹紧任务。如图 4.37 中的压板就属于夹紧元件。

③ 中间传力机构　把动力装置产生的力传给夹紧元件的中间机构。改变力的方向、大小和起锁紧作用。如图 4.37 中的斜楔、滚子就属于中间传力机构。

在传递力的过程中，夹紧装置能起到如下作用：改变作用力的方向；改变作用力的大小，通常是起增力作用；使夹紧实现自锁，保证力源提供的原始力消失后，仍能可靠地夹紧工件，这对手动夹紧尤为重要。

（2）对夹紧装置的基本要求

① 在夹紧过程中应能够保持工件在定位时已获得的正确位置。

② 夹紧应可靠，夹紧力大小应适当。既要保证在加工过程中工件不会产生松动或振动，同时又不许工件产生不适当的变形和表面损伤。

③ 夹紧机构应操作方便、安全省力，夹紧动作要准确迅速，以便减轻劳动强度，缩短辅助时间，提高生产效率。

④ 夹紧机构的复杂程度和自动化程度应与工件的生产批量和生产方式相适应。工件的生产批量越大，设计的夹紧装置的功能应越完善，工作效率越高，进而越复杂。

⑤ 结构设计应具有良好的工艺性和经济性，结构力求简单、紧凑和刚性好。

4.4.2　夹紧力的确定

确定夹紧力就是确定夹紧力的大小、方向和作用点三个要素。在确定夹紧力的三要素时，要分析工件的结构特点、加工要求、切削力及其他外力作用于工件的情况，而且必须考虑定位装置的结构形式和布置方式。

(1) 夹紧力方向的确定

确定夹紧力作用方向时,应与工件定位基准的配置及所受外力的作用方向等结合起来考虑,其确定原则是:

① 夹紧力的作用方向应垂直于主要定位基准面。

如图 4.38 所示,在直角支座上镗孔,本工序要求所镗孔与 A 面垂直,故应以 A 面为主要定位基准面。在确定夹紧力方向时,应使夹紧力朝向 A 面即主要定位基准面,以保证孔与 A 面的垂直度。反之,若朝向 B 面,当工件 A、B 两面有垂直度误差时,就无法实现以主要定位基准面定位,因而也无法保证所镗孔与 A 面垂直的工序要求。

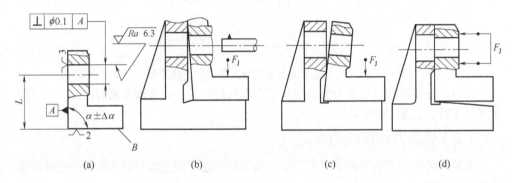

图 4.38 夹紧力方向应朝向主要定位基准面

② 夹紧力的作用方向应与工件刚度最大的方向一致,以减小工件的夹紧变形。

由于工件在不同方向上刚度是不等的,不同的受力表面也因其接触面积大小而变形各异。尤其在夹压薄壁零件时,更需注意。如图 4.39 所示的薄壁套筒工件,由于套筒轴向刚度大于径向刚度,所以应沿轴向均匀施加夹紧力。若用图 4.39(a)所示的三爪卡盘将薄壁套筒径向夹紧,将会引起较大的变形,若采用图 4.39(b)所示的特制螺母轴向夹紧,则不容易产生变形。

③ 夹紧力作用方向应尽量与工件的切削力、重力等的作用方向一致,这样利于减小所需的夹紧力。

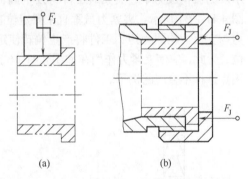

图 4.39 夹紧力应朝向工件刚性较好的方向

在保证夹紧可靠的情况下,减小夹紧力可以减轻工人的劳动强度,提高生产效率,同时可以使机构轻便、紧凑以及减少工件变形。为此,应使夹紧力的方向最好与切削力、工件的重力方向一致,这时所需要的夹紧力为最小。如图 4.40 所示,在钻床上钻孔,图 4.40(a)中夹紧力 F、切削力 P、工件的重力 G 三力方向重合,所以此时夹紧力 F 最小,是最为理想的情况;在图 4.40(b)中,P、G 均与 F 反向,$F>G+P$,此方

案的夹紧力 F 比图 4.40（a）中所需的夹紧力大得多；在图 4.40（c）中，P、G 都与 F 垂直，为避免工件加工过程中移位，应使夹紧后产生的摩擦力 $Ff_s > G+P$（f_s 为工件与夹具定位面间的静摩擦系数），这时所需的夹紧力 F 最大。

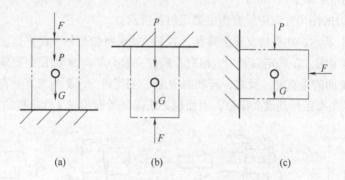

图 4.40 夹紧力的方向与夹紧力大小的关系

由以上分析可知，夹紧力大小与夹紧方向直接有关。在考虑夹紧方向时，只要满足夹紧条件，夹紧力越小越好。

（2）夹紧力作用点的确定

夹紧力的作用点对工件的可靠定位、夹紧后的稳定和变形有显著影响，选择时应依据以下原则：

① 夹紧力的作用点应落在支承元件或几个支承元件形成的稳定受力区域内。夹紧力的作用点应能保证工件定位稳定，不致引起工件产生位移或偏转，否则夹紧力与支承反力会构成力矩，夹紧时工件将发生偏转，产生位移或偏转会破坏工件的定位。如图 4.41（a）所示，夹紧力虽垂直主要定位基准面，但作用点却在支承范围以外，夹紧力与支反力构成力矩，工件将产生偏转使定位基准与支承元件脱离，从而破坏原有定位，为此，应使夹紧力作用在如图 4.41（b）所示的稳定区域内。图 4.42 也是夹紧力作用点选择不合理的例子。

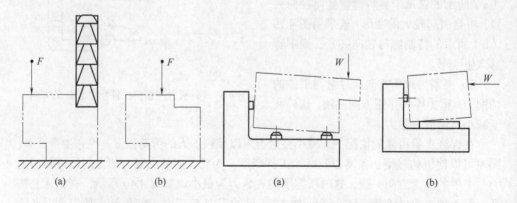

图 4.41 夹紧力应在支承面内　　图 4.42 夹紧力作用点的位置不正确

② 夹紧力作用点应落在工件刚性好的部位。夹紧力的作用点应有利于减小夹紧变形，这对刚度较差的工件尤其重要。如图 4.43（a）所示，若夹紧力作用点作用在工件刚性较差的顶部中点，工件就会产生较大的变形。若如图 4.43（b）所示，将作用点由箱体的顶面中间单点改成刚性较好的两旁凸边两点夹紧，变形会大大减小，且夹紧也较可靠。若箱体没有凸边，可如图 4.43（c）所示，将单点夹紧改为三点夹紧，使着力点落在刚性好的箱壁上，也可以减小工件的夹紧变形。

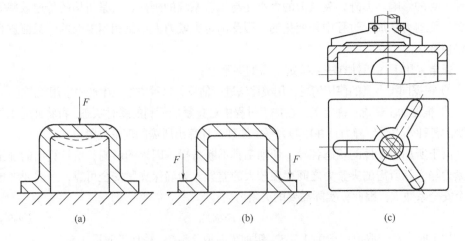

图 4.43　夹紧力应在刚性较好的部位

③ 夹紧力的作用点应尽量靠近工件加工表面，以提高定位稳定性和夹紧可靠性，减少加工中的振动。如图 4.44 所示，被加工面处于工件的长悬臂的端头。若只采用夹紧力进行夹紧时，虽然工件在加工中不会产生移动，但因夹紧力的作用点离被加工面很远，使工件夹紧刚度很差。加工时不仅会产生较大的振动，影响加工质量，而且还可能引起悬臂折裂。若在离加工位置较近的点增添辅助支承，并附加夹紧力 F_J 将悬臂夹紧，则夹紧点与加工部位间的悬臂梁长度大大缩短，从而使夹紧刚度得到很大提高，减小了加工中的振动。

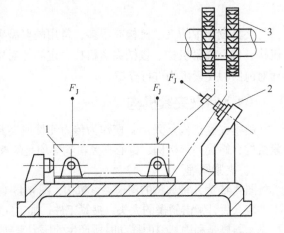

图 4.44　夹紧力作用点应尽量靠近加工部位
1—工件；2—辅助支承；3—铣刀

（3）夹紧力大小的确定

夹紧力的大小对于保证定位稳定、可靠，确定夹紧装置的结构尺寸，都有很大影响。夹紧力过小，则夹紧不稳固，在加工时工件仍会发生位移或振动而破坏定位；夹紧力过大，会使工件及夹具产生过大的夹紧变形，影响加工质量，此外，夹紧装置的结构尺寸也不必要地增大了，所以，夹紧力的大小必须恰当。

夹紧力 F 的大小主要取决于切削力 P 和工件重力 G，必要时还需要考虑离心力、惯性力等的影响。另外，夹紧力的大小还与工艺系统的刚性、夹紧机构的传递效率等有关。切削力在加工过程中是变化的，因此确定夹紧力大小是相当复杂的，只能进行粗略估算。

通常采用下述两种方法来确定所需的夹紧力：

① 根据同类夹具的使用情况，用类比法进行估算，这种方法在生产中应用较广；

② 根据加工情况，确定工件在加工过程中对夹紧最不利的瞬时状态，再将此时工件所受的各种外力看作静力，并用静平衡原理，计算出所需的理论夹紧力 F_0。

由于所加工工件的状态各异、切削工具不断磨损等因素的影响，所计算出的理论夹紧力与实际所需的夹紧力之间存在较大的差异。为确保夹紧安全可靠，还需要考虑一个安全系数 K，因此，实际需要的夹紧力为：

$$F=KF_0 \qquad (4\text{-}8)$$

加工时，K 的取值一般为 1.5~3，粗加工时取 2.5~3；精加工时取 1.5~2。

4.4.3 典型的夹紧机构

夹具设计中的夹紧机构有很多，常用的典型夹紧机构有斜楔夹紧机构、螺旋夹紧机构、偏心夹紧机构、铰链夹紧机构、定心（对中）夹紧机构、联动夹紧机构等，下面对前四种夹紧机构进行介绍。

（1）斜楔夹紧机构

斜楔夹紧机构是采用斜楔作为传力元件或夹紧元件的夹紧机构。它是最基本的夹紧机构，螺旋夹紧机构、偏心夹紧机构等均是斜楔夹紧机构的变型。

1）夹紧原理。

图 4.45 为几种典型的斜楔夹紧机构，图 4.45（a）是在工件上钻互相垂直的两组孔，工件装入后，锤击斜楔的大头，夹紧工件；加工完毕后，锤击斜楔的小头，松开工件。可见，斜楔是利用其斜面移动时所产生的压力来夹紧工件的，即利用斜面的楔紧作用夹紧工件。图 4.45（b）是将斜楔与滑柱合成一种夹紧机构，当斜楔在气压或液压驱动下向左或向右移动时，通过滑柱和压板夹紧或松开工件。图 4.45（c）是由端面斜楔与压板组合而成的夹紧机构，可通过转动端面斜楔带动压板夹紧或松开工件。

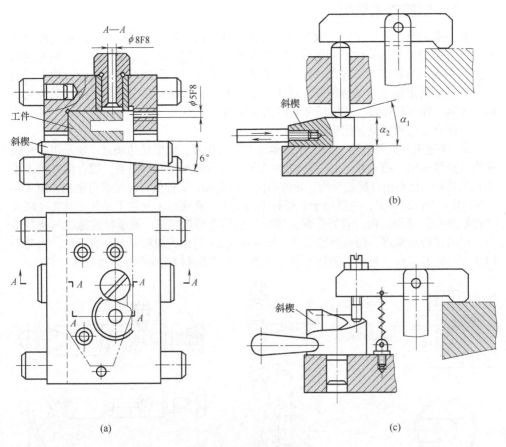

图 4.45 斜楔夹紧机构

2)斜楔夹紧机构的自锁条件。

当工件夹紧并撤除原始作用力后,夹紧机构依靠摩擦力的作用,仍能保持对工件的夹紧状态的现象,称为自锁。斜楔的自锁条件是:斜楔的升角小于或等于斜楔与工件、斜楔与夹具体之间的摩擦角之和。

一般钢件接触面的摩擦因数 $f=0.1\sim0.15$,故摩擦角 $\phi = \arctan(0.10\sim0.15) = 5°43'\sim8°30'$。为保证自锁可靠,手动夹紧机构一般取 $6°\sim8°$。对于气动或液压夹紧,在不考虑自锁时(通常由气动或液压系统保证),可取 $=15°\sim30°$。

3)斜楔夹紧机构的特点。

① 结构简单,有增力作用,一般扩力比 $Q/F \approx 3$;

② 楔块夹紧行程小,增大行程会使自锁性能变差;

③ 操作不便,夹紧和松开均需敲击;

④ 由于斜楔与夹具体及工件间是滑动摩擦,所以夹紧效率低。

根据以上特点,斜楔夹紧很少用于手动操作的夹紧装置,而主要用于机动夹紧且毛坯质量较高的场合。

（2）螺旋夹紧机构

利用螺旋直接夹紧工件，或与其他元件组合实现工件夹紧的机构，统称为螺旋夹紧机构。螺旋夹紧机构中所用的螺旋，实际上相当于把斜楔绕在圆柱体上，因此它的夹紧作用原理与斜楔是一样的。螺旋夹紧机构结构简单、紧凑，扩力比大，增力性能好，行程不受限制，自锁性能好。适于手动夹紧，在机床夹具中得到了广泛的应用。但因夹紧、松开动作慢，在机动夹紧机构中应用较少。

下面介绍两种常见的螺旋夹紧结构：

① 快速螺旋夹紧机构　为了克服螺旋夹紧动作慢、效率低的缺点，常采用各种快速螺旋夹紧机构。图 4.46（a）所示为在夹紧螺母下方增加开口垫圈，螺母的外径小于工件的孔径，只要稍许旋松螺母，即可抽出开口垫圈，工件便可穿过螺母取出。图 4.46（b）所示为快卸螺母，它适用于孔径较小的工件，在螺母上又钻了光孔，其孔径略大于螺纹外径。螺母斜向沿着光孔套入螺杆，然后将螺母摆正，使螺母的螺纹与螺杆啮合，再略微拧动螺母，便可夹紧工件。图 4.46（c）所示的螺杆 1 上开有直槽，转动手柄 2 便可松开工件，再将直槽转至螺钉 3 处，即可迅速拉出螺杆，以便装卸工件。

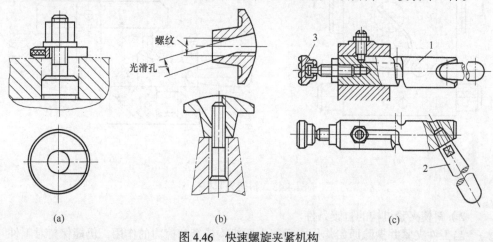

图 4.46　快速螺旋夹紧机构

② 螺旋压板夹紧机构　螺旋常与各种形式的压板组合构成螺旋压板夹紧机构。它具有结构简单、制造容易、自锁性能好等优点，在实际生产中应用非常广泛。如图 4.47 所示，这种螺旋压板夹紧机构利用杠杆原理实现对工件的夹紧，杠杆比不同，夹紧力也不同。其结构形式变化很多，图 4.47（a）、（b）所示为移动压板，图 4.47（c）、（d）所示为转动压板，其中图 4.47（d）所示的压板增力倍数最大。

（3）偏心夹紧机构

通过偏心轮直接夹紧工件或与其他元件组合夹紧工件的机构称为偏心夹紧机构，它是依靠偏心轮回转时回转半径变大而产生夹紧作用，其原理和斜楔夹紧机构相似，只是斜楔夹紧的楔角不变，而偏心夹紧的楔角是变化的。图 4.48 所示是几种常见的偏心夹紧机构，图 4.48（a）为直接利用偏心轮夹紧工件，图 4.48（b）和（c）为偏心轮与压板结构组合的夹紧机构。

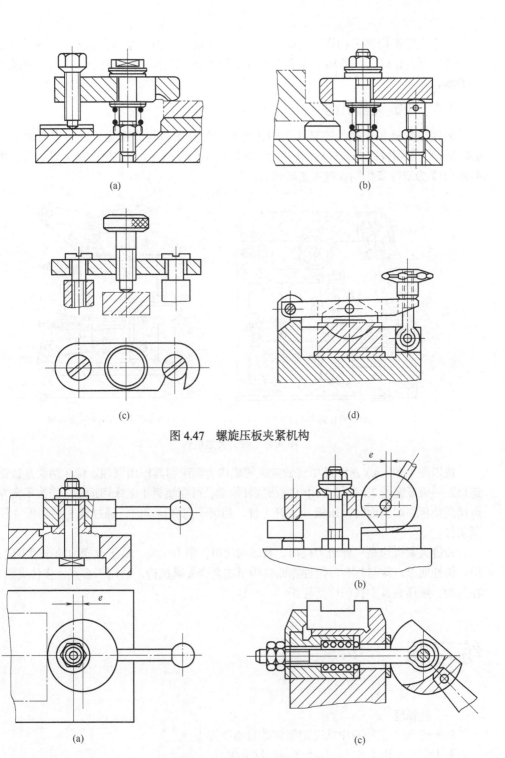

图 4.47 螺旋压板夹紧机构

图 4.48 偏心夹紧机构

偏心夹紧机构夹紧动作快，操作方便，结构简单；但夹紧行程较小，夹紧力小，自锁性能不是很好。一般用于没有振动或振动较小，切削力变化较小，夹紧力要求不大的场合。

（4）铰链夹紧机构

采用以铰链相连接的连杆作中间传力元件的夹紧机构，称为铰链夹紧机构。图4.49所示为常用铰链夹紧机构的两种基本结构，图4.49（a）为单臂铰链夹紧机构，图4.49（b）为双臂双作用铰链夹紧机构。

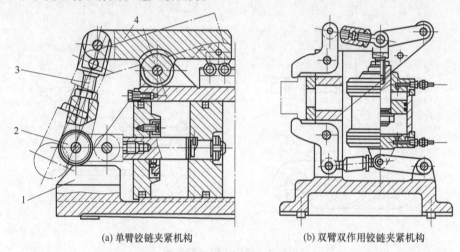

(a) 单臂铰链夹紧机构　　　　　　(b) 双臂双作用铰链夹紧机构

图4.49　铰链夹紧机构

现以图4.49（a）所示的单臂铰链夹紧机构为例说明其作用原理。臂3两头是铰链连接，一头带滚子2。滚子2由气缸活塞杆推动，可在垫板1上来回运动。当滚子向左运动到垫板左端斜面时，压板4离开工件，当滚子向右运动时，通过臂3使压板4压紧工件。

铰链夹紧机构是一种增力机构，其结构简单，增力比大，易于改变力的作用方向；但自锁性能差，常与具有自锁性能的机构组成复合夹紧机构。适用于多点、多件夹紧，在气动、液压夹具中获得广泛应用。

练习题

一、选择题
1. 一个位于空间自由状态的物体的自由度为（　　）。
A. 1个　　B. 2个　　C. 3个　　D. 6个
2. 在加工中能满足加工要求，工件的6个自由度又没有完全限制的定位是(　　)。

A. 完全定位　　B. 不完全定位　　C. 欠定位　　D. 过定位

3. 辅助支承的作用是增加工件的刚性，（　　）。

A. 不起定位作用　　　　B. 一般来说只限制一个自由度

C. 限制两个自由度　　D. 限制三个自由度

4. 短 V 形块限制自由度数量是（　　）。

A. 1 个　　B. 2 个　　C. 4 个　　D. 6 个

5. 在加工中不允许的定位是（　　）。

A. 完全定位　　B. 不完全定位　　C. 欠完全定位　　D. 过完全定位

6. 过定位被允许采用时，必须使精度很高的是（　　）。

A. 设计基准面和定位元件　　B. 定位基准面和定位元件

C. 夹紧元件　　　　　　　　D. 定位元件

7. 工件装夹中由于设计基准和（　　）基准不重合而产生的加工误差，称为基准不重合误差。

A. 工序　　B. 工艺　　C. 测量　　D. 定位

8. 下列元件中对中性最好的定位元件是（　　）。

A. 支撑钉　　B. 支撑板　　C. V 形块　　D. 定位套

9. 机床夹具的"三化"是（　　）。

A. 标准化、系列化和专用化　　B. 非标准化、系列化和通用化

C. 标准化、系列化和通用化　　D. 标准化、非系列化和通用化

10. 夹紧力应朝向（　　）。

A. 导向面　　B. 主要定位面　　C. 止推定位面　　D. 设计基准面

11. V 形块的工作夹角 α 越大，垂直方向误差（　　）。

A. 越大　　B. 越小　　C. 与 α 大小无关

二、名词解释

1. 定位、夹紧、安装

2. 定位基准、工序基准

3. 六点定位法则

4. 完全定位、不完全定位、欠完全定位、过定位

5. 基准不重合误差、基准位移误差

三、分析题

根据六点定位原理，试分析题图 4.50 中各定位方案中定位元件所消除的自由度？有无过定位现象？如何改正？

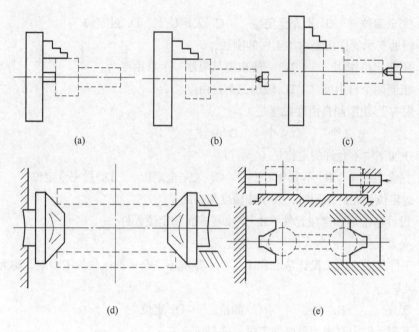

图 4.50 分析题图

四、计算题

1. 如图 4.51 所示,以 A 面定位加工 ϕ20H8 孔,求加工尺寸 40 ± 0.1mm 的定位误差。判断该定位方案能否满足精度要求?若不能满足时,应如何改进?

2. 如图 4.52 所示,分析以 V 形块定位加工大、小孔的定位误差。

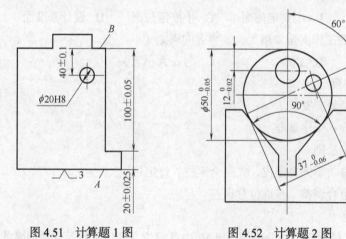

图 4.51 计算题 1 图　　　　图 4.52 计算题 2 图

第5章

机械加工件的振动与控制

机械产品的工作性能和寿命总是与组成产品的零件加工质量和产品的装配精度直接相关，尤其是零件的加工质量对产品的工作性能和使用寿命影响更大，零件的加工质量一般用加工精度和加工表面质量两个指标衡量，其中机械加工精度是机械加工质量的核心部分。本章机械加工精度部分主要讨论工艺系统各环节中存在的原始误差及其对加工精度的影响，加工误差的统计方法等，表面质量部分主要讨论表面质量的基本概念及影响零件表面质量的各种因素，最后介绍机械加工中涉及的振动相关知识。

5.1 机械加工精度及影响因素

5.1.1 机械加工精度概述

（1）加工精度与加工误差

加工精度指的是零件在加工以后的几何参数（尺寸、形状和位置）与图纸规定的理想零件的几何参数符合的程度。符合程度越高，加工精度也越高。所谓理想零件，对表面形状而言，就是绝对正确的圆柱面、平面、锥面等；对表面位置而言，就是绝对的平行、垂直、同轴和一定的角度等；对尺寸而言，就是零件尺寸的公差带中心。

加工误差是指零件加工后的实际几何参数对理想几何参数的偏离程度。加工误差的大小反映了加工精度的高低，加工误差越小，加工精度就越高。在实际加工中，由于种种原因，不可能也没有必要把零件做得与理想零件完全一致，而总会有一定的偏差，就是加工误差，只要这些误差在规定的范围内，即能满足机器使用性能的要求。

（2）加工经济精度

由于在加工过程中有很多因素影响加工精度，所以同一种加工方法在不同的工作条件下所能达到的精度是不同的。任何一种加工方法，只要精心操作，细心调整，并选用合适的切削参数进行加工，都能使加工精度得到较大的提高，但这样做会降低生产率，增加加工成本，如图 5.1 所示。

加工经济精度指的是，在正常加工条件下（采用符合质量标准的设备、工艺装备和标准技术等级的工人，不延长加工时间）所能保证的加工精度。

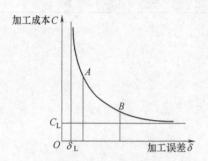

图 5.1　加工成本和加工误差的关系

当然随着生产技术的发展，某一种加工方法的经济精度是会改变的。

（3）零件获得加工精度的方法

零件的加工精度包括尺寸精度、形状精度和位置精度。

尺寸精度的获得可概括为以下四种方法：

试切法——先试切出很小的一部分加工表面，测量试切所得的尺寸，按照加工要求作适当的调整，再试切，再测量，如此经过两三次试切和测量，当被加工尺寸达到要求后，再切削整个待加工表面。适用于单件、小批量生产，如图 5.2（a）所示。

调整法——利用机床上的定位装置或预先调整好的刀架，使刀具相对于机床或夹具达到一定的位置精度，然后加工一批工件，如图 5.2（b）所示。

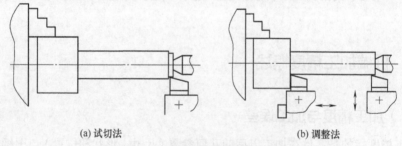

(a) 试切法　　　　　　　　　　(b) 调整法

图 5.2　尺寸精度获得的方法示例

定尺寸-刀具法——用具有一定尺寸精度的刀具（如铰刀、扩孔钻、钻头等）来保证工件被加工部位（如孔）的精度。

自动控制法——使用一定的装置自动切削、测量、补偿调整，在工件达到要求的尺寸时，自动停止加工。

形状精度的获得可概括为以下三种方法：

轨迹法——利用切削运动中刀具刀尖的运动轨迹形成被加工表面的形状。这种加工方法所能达到的精度主要取决于成形运动的精度，如图 5.3（a）所示。

成形法——利用成形刀具刀刃的几何形状切出工件的形状。这种方法所能达到的精度主要取决于刀刃的形状精度和刀具的装夹精度，如图 5.3（b）所示。

展成法——利用刀具和工件作展成切削运动，刀刃在被加工面上的包络面形成的成形表面。这种加工方法所能达到的精度主要取决于机床展成运动的传动链精度与刀具的制造精度，如图 5.3（c）所示。

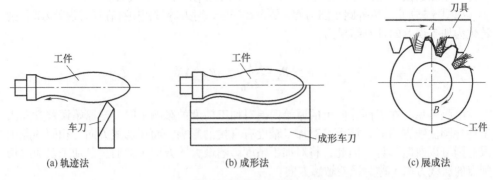

图 5.3　形状精度获得的方法

位置精度（平行度、垂直度、同轴度等）的获得与工件的装夹方式和加工方法有关。当需要多次装夹加工时，有关表面的位置精度依靠夹具的正确定位来保证；工件一次装夹加工多个表面时，各表面的位置精度则依靠机床的精度来保证，如数控加工中主要靠机床的精度保证工件各表面之间的位置精度。

（4）原始误差

机械加工时，由机床、夹具、刀具和工件构成的系统称为工艺系统，工艺系统各环节中所存在的误差称为原始误差。正是由于工艺系统各环节中存在各种原始误差，使得工件加工表面的尺寸、形状和相互位置关系发生变化，而造成加工误差。为了保证和提高零件的加工精度，必须采取措施消除或减少原始误差对加工精度的影响，将加工

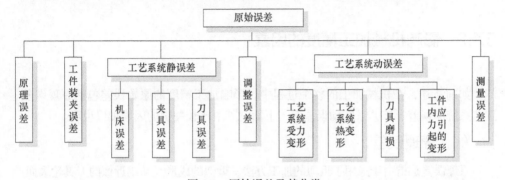

图 5.4　原始误差及其分类

误差控制在允许的变动范围（公差）内。影响原始误差的因素很多，一部分与工艺系统本身的初始状态有关，一部分与切削过程有关，还有一部分与工件加工后的情况有关，见图 5.4。

（5）误差敏感方向

切削加工过程中，各种原始误差会使刀具和工件的正确几何关系遭到破坏，引起加工误差。不同方向的原始误差，对加工误差的影响程度有所不同，差别很大。一般认为，当原始误差与工序尺寸方向一致时，对加工精度的影响最大。

如图 5.5 所示，以外圆车削为例，假设在安装、对刀等过程中存在原始误差 ΔY，则转化为加工误差的计算结果为：

$$\Delta R_Y = \frac{\Delta Y^2}{2R_0}, \quad \Delta R_X = \Delta X$$

由此可见，在不同方向上的原始误差对加工精度的影响不同，当原始误差方向为工件外圆法线方向时，该误差对加工精度有直接的影响，而在切线方向上相同的原始误差则可以忽略不计。因此，将对加工精度影响最大的方向（即通过已加工表面过切削点的法线方向）称为误差敏感方向。

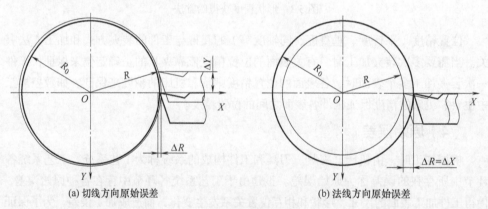

(a) 切线方向原始误差　　　　　　　(b) 法线方向原始误差

图 5.5　误差敏感方向

5.1.2　影响机械加工精度的因素

如前所述，在机械加工的整个过程中，影响加工精度的原始误差包括原理误差、工艺系统净误差、工艺系统动误差等，下面就其中比较关键的因素加以说明。

（1）原理误差

原理误差是指由于采用了近似的加工方法、近似的成形运动或近似的刀具轮廓而产生的误差，也称为理论误差。

一般情况下，为了获得规定的加工表面，刀具和工件之间必须作相对准确的成形运动。如车削螺纹时，必须使刀具和工件间完成准确的螺旋运动（即成形运动）；滚切齿轮时必须使滚刀和工件之间具有准确的展成运动；对活塞裙部椭圆磨削时，要求工件在每一个旋转中对刀具做相应的径向运动，两个运动之间的联系必须满足椭圆截面形状的要求等。但在生产实践中，由于采用理论上完全精确的成形运动，有时会使机床或刀具在结构上极为复杂，造成制造上的困难；或由于结构环节多，机床传动中的误差增加，反而得不到高的加工精度。采用近似的成形运动和刀具刃形，不但可以简化机床或刀具的结构，而且能提高生产效率和加工的经济效益，因此在满足产品精度要求的前提下，原理误差的存在是允许的。

（2）机床误差

机械加工是将刀具和工件安装在机床和夹具上进行的，它们构成了一个完整的系统，称为工艺系统。工艺系统的几何误差主要是指机床、夹具、刀具本身在制造时所产生的误差、使用中的调整误差、磨损误差以及工件的定位误差等，这些原始误差将不同程度地反映到被加工零件表面上，形成零件的加工误差。

下面就从导轨直线运动精度、主轴回转精度以及传动链误差三个方面介绍工艺系统原始误差中的机床误差。

1）导轨直线运动精度

床身导轨是机床中确定主要部件相对位置的基准，也是运动的基准，机床导轨的制造误差、工作台或刀架等与导轨之间的配合误差是影响直线运动精度的主要因素，导轨的各项误差将直接反映到工件加工表面的加工误差中。导轨误差主要包括导轨在水平面内的直线度误差、导轨在垂直面内直线度误差和两导轨间的平行度误差，如图 5.6 所示。

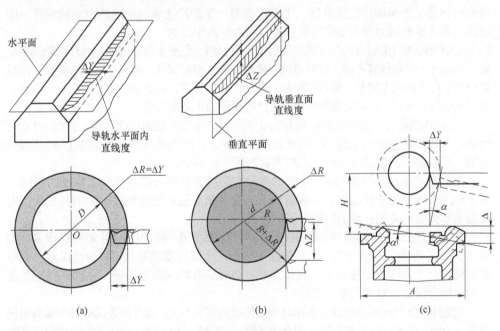

图 5.6 导轨误差

① 导轨在水平面内的直线度误差 如图 5.6（a）所示，当导轨在水平面内的直线度误差为 ΔY 时，引起工件在半径方向的误差为 ΔY，所造成的工件在直径上的加工误差为 $\Delta R = \Delta Y$，该方向为误差敏感方向。

② 导轨在垂直面内的直线度误差 如图 5.6（b）所示，当导轨在垂直面内的直线度误差为 ΔY 时，会引起刀尖产生切向位移 ΔZ，造成工件在半径方向产生的误差为 $\Delta R \approx \Delta Z^2 / d$，该方向为非误差敏感方向。

③ 两导轨间的平行度误差 如图 5.6（c）所示，机床导轨发生了扭曲，使两导轨之间产生了平行度误差，工作台移动时产生横向倾斜，刀具相对于工件的成形运动将变成一条空间曲线，因而引起工件的形状误差。

实际设计安装过程中，可以通过以下方式提高导轨的直线运动精度：

① 提高机床导轨、溜板的制造精度及安装精度；

② 采用耐磨合金铸铁导轨、镶钢导轨、贴塑导轨、滚动导轨等；

③ 采用静压导轨，利用压力油或压力空气的均化作用，可有效提高工作台的直线运动精度和精度保持性。

2）主轴回转精度

主轴是工件或刀具的位置基准和运动基准，它的误差直接影响工件的加工精度。主轴在每一时刻其回转轴线的空间位置相对于其理想轴线的最大偏离程度，称为主轴回转误差。机床主轴用来装夹工件或刀具，并将运动和动力传给工件或刀具，主轴回转误差将直接影响被加工工件的精度。主轴回转误差是指主轴各瞬间的实际回转轴线相对其平均回转轴线的变动量。它可分解为轴向窜动、径向圆跳动、角度摆动基本形式，如图 5.7 所示。

① 轴向窜动 主轴回转轴沿平均回转轴线方向的变动量，如图 5.7（a）所示。车端面时它使工件端面产生垂直度、平面度误差。主轴产生轴向窜动是由主轴轴肩端面和推力轴承承载端面对主轴回转轴线的垂直度误差引起的。

主轴的纯轴向窜动对内外圆的加工精度没有影响，但所车削的端面与内外圆轴线不垂直。车削时，主轴每转一周，就要沿轴向窜动一次，向前窜动的半周中形成右旋面，向后窜动的半周中形成左旋面，最后切出如同端面凸轮的形状，并在端面中心出现一个凸台，如图 5.8（a）所示。当加工螺纹时必然会产生螺距的小周期误差。

② 径向圆跳动 主轴回转轴线相对于平均回转轴线在径向的变动量，如图 5.7（b）所示。车外圆时它使加工面产生圆度和圆柱度误差。产生径向圆跳动误差主要原因是：主轴支承轴颈的圆度误差，轴承工作表面的圆度误差等。

车削和磨削内外圆表面时，主轴的纯径向圆跳动对内外圆表面加工精度的影响与图 5.8（b）所示的情况类似，一般情况下对内外圆表面的圆度精度影响不是很大，但对套类零件的内外圆柱面的同轴度影响较大。

③ 角度摆动 主轴回转轴线相对平均回转轴线产生倾斜引起的主轴回转误差，如图 5.7（c）所示。车削加工时，它使加工表面产生圆柱度误差和端面形状误差。主轴回转轴线产生角度摆动原因是：箱体主轴孔各轴承孔的同轴度误差，主轴各段支承轴颈的同轴度误差，轴承间隙误差等。

主轴纯角度摆动对车削外圆表面时圆度精度的影响不大，即外圆表面的每个横截面仍然是一个圆，但整个工件成锥形，即产生了圆柱度误差。镗孔时，由于主轴的纯角度摆动形成主轴回转轴线与工作台导轨不平行，镗出的孔将成椭圆形，如图 5.8（c）所示。

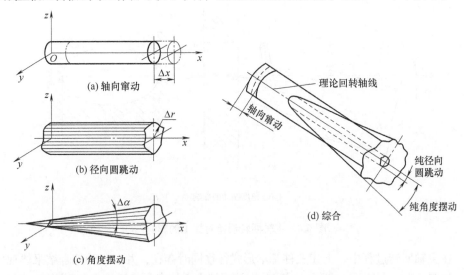

图 5.7　主轴回转误差的基本形式及其综合

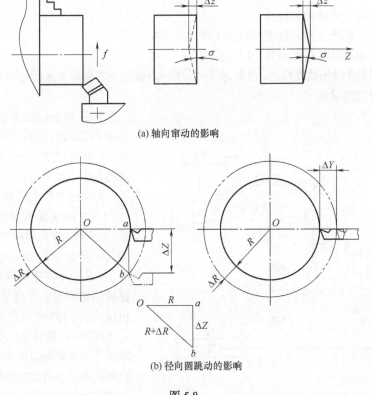

图 5.8

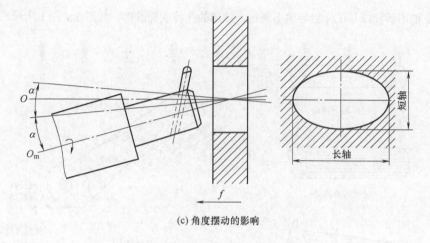

(c) 角度摆动的影响

图 5.8 主轴回转误差对加工的影响

在主轴回转过程中，上述三种基本形式往往同时存在，并以一种综合结果体现出来，如图5.7（d）所示。在任一瞬间，主轴回转中心的实际位置是难以预测的，因此，这种现象也称为主轴轴心漂移。实际设计安装过程中，可以通过以下方式提高主轴回转精度：

① 提高主轴的轴承精度；
② 减少机床主轴回转误差对加工精度的影响；
③ 对滚动轴承进行预紧，以消除间隙；
④ 提高主轴箱体支承孔、主轴轴颈和与轴承相配合的零件有关表面的加工精度。

3）传动链误差

机床传动链误差是指传动链始末两端执行元件间相对运动的误差。在机械加工中，对于某些表面的加工，如车螺纹、滚齿和插齿等，为保证工件的精度，要求工件和刀具之间必须有准确的速比关系，如车螺纹时，要求工件转一转，刀具必须走一个导程；滚齿和插齿时，要求工件转速与刀具转速之比保持恒定不变。要满足这一要求，机床内传动链误差必须控制在允许的范围内。这种速比关系的获得取决于机床传动系统中工件与刀具之间的内联系传动链的传动精度，而该传动精度又取决于传动链中各

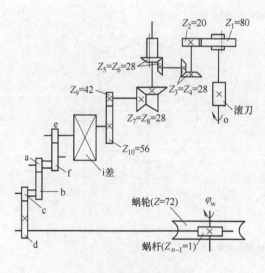

图 5.9 滚齿机传动系统

传动零件的制造和装配精度,以及在使用过程中各传动零件的磨损程度。

另外,各传动零件在传动链中的位置不同,对传动链传动精度的影响程度也不同,传动链中末端传动元件的转角误差对传动链传动精度的影响最大,将直接反映到工件的加工精度上。如图 5.9 所示,以滚齿机为例,若滚刀上的齿轮 Z_1 有转角误差 $\Delta\varphi_1$,造成工作台的转角误差 $\Delta\varphi_{1n}$ 为:

$$\Delta\varphi_{1n} = \Delta\varphi_1 \times \frac{80}{20} \times \frac{28}{28} \times \frac{28}{28} \times \frac{28}{28} \times \frac{42}{56} \times i_{差} \times \frac{e}{f} \times \frac{a}{b} \times \frac{c}{d} \times \frac{1}{72} = K_1 \Delta\varphi_1$$

式中,K_1 反映齿轮 Z_1 的转角误差对末端工作台传动精度的影响程度,称为误差传递系数。同理,若传动链中第 j 个元件有转角误差 $\Delta\varphi_j$,该元件造成工作台的转角误差 $\Delta\varphi_{jn}$ 为:

$$\Delta\varphi_{1n} = K_j \Delta\varphi_j$$

因此,各级传动件传动误差对工件精度影响的误差总和为:

$$\Delta\varphi_\Sigma = \sum_{j=1}^{n} \Delta\varphi_{jn} = \sum_{j=1}^{n} K_j \Delta\varphi_j$$

式中,K_j 表示第 j 个传动件的误差传递系数。当传动副为升速时,$K_j>1$,转角误差被放大;当传动副为降速时,$K_j<1$,转角误差被缩小。

实际设计安装过程中,可以通过以下方式减少机床传动链误差:

① 尽量缩短传动链,降低传动比,尤其是末端传动副;
② 提高传动件的制造和安装精度,尤其是末端零件的精度;
③ 尽可能采用降速运动,且传动比最小的一级传动件应在最后;
④ 采用误差校正机构或自动补偿系统。

在机床加工零件过程中,除了原理误差和机床误差之外,还包括夹具误差与装夹误差、量具误差与测量误差、刀具误差与调整误差等,此处不再详细论述。这些都是工件在夹具(机床)上安装后,在没有切削载荷的情况下就存在的原始误差,称为工艺系统的静误差。下面介绍几种在切削过程中影响加工精度的因素,也就是工艺系统的动误差,主要包括切削力变形、切削热变形以及材料内应力变形等。

(3)工艺系统受力变形对加工精度的影响

在切削力、传动力、惯性力、夹紧力以及重力等的作用下,工艺系统将产生相应的变形(弹性变形和塑性变形)和振动。这种变形和振动,会破坏刀具与工件之间的成形运动的位置关系和速度关系,还影响切削运动的稳定性,从而形成各种加工误差和影响表面粗糙度。

例如,车削细长轴时,在切削力作用下工件因弹性变形而出现"让刀"现象。随着刀具的进给,在工件全长上背吃刀量由大变小,然后再由小变大,即工件两端切去的金属多,中间切去的金属少,结果使工件产生腰鼓形圆柱度误差。再如精磨外圆时,一般到磨削后期需进行无进给磨削（或称"光磨"），此时砂轮无进给，但磨削时火花继续存在，且先多后少，直至消失，这就是用多次无进给磨削消除工艺系统的受力变形，以保证零件的加工精度和表面粗糙度。由此可见，工艺系统的受力变形是加工中一项很重要的原始误差，它不仅严重地影响加工精度，而且还影响表面质量，也限制了切削用量和生产率的提高。因此，需采取措施提高工艺系统刚度，以减少工艺系统受力变形对加工质量的影响。

1）工艺系统刚度的概念

切削加工中，工艺系统各部分在各种外力的作用下，将在各个受力方向产生相应的变形。其中，工艺系统抵抗在外力作用下使其变形的能力称为工艺系统刚度，用 k_{xt} 表示，其公式表达为：

$$k_{xt} = \frac{F_y}{y} \tag{5-1}$$

式中，F_y 是垂直作用于工件加工表面（加工误差敏感方向）的径向切削分力；y 表示工艺系统在该方向上的变形。这里需要注意的是切削力 F 在三个坐标轴方向上有三个分力，所以相应地也应该有三个刚度。但是，在切削加工过程中对加工精度影响最大的是工件表面的法线方向（Y 方向），因此计算工艺系统刚度就只考虑此方向的切削分力 F_y。但式中的形变量 y 不只是由切削分力引起，而是总切削力的三个分力 F_x、F_y、F_z 综合作用的结果。

工艺系统刚度与工艺系统各组成部分的刚度有关，一般需要考虑机床刚度、夹具刚度、刀具刚度和工件刚度等，工艺系统在某一位置受力作用产生的变形量 y 应为工艺系统各组成环节在此位置受该力作用产生的变形量的代数和，即：

$$y_{系统} = y_{机床} + y_{夹具} + y_{刀具} + y_{工件}$$

根据刚度定义，分别代入各环节的刚度公式，可以得到工艺系统各部件的刚度为：

$$\frac{1}{k_{系统}} = \frac{1}{k_{机床}} + \frac{1}{k_{夹具}} + \frac{1}{k_{刀具}} + \frac{1}{k_{工件}} \tag{5-2}$$

由式（5-2）知，工艺系统刚度的倒数等于系统各组成环节刚度的倒数之和。若已知各组成环节的刚度，即可求得工艺系统刚度。工艺系统刚度主要取决于薄弱环节的刚度。

2）切削力变化引起的误差

在加工过程中，工件加工余量或材料硬度不均匀都会引起法向力的变化，从而使工艺系统受力变形不一致而产生加工误差。以车削短圆柱工件外圆为例，如图 5.10 所示。

由于毛坯的圆度误差 Δm，车削时刀具的背吃刀量在 a_{p1} 和 a_{p2} 之间变化。因此，切削分力 F_p 也随背吃刀量 a_p 的变化而变化，在最大切削分力 F_{pmax} 和最小切削分力 F_{pmin} 之间变化，从而使工艺系统产生相应的变形，即由 y_1 变到 y_2（刀具相对被加工面产生 y_1 和 y_2 的位移），这样就形成了加工后工件的圆度误差 $\Delta \omega$。这种具有形状或位置误差的工件毛坯，经机械加工后仍具有与毛坯相似的形状或位置误差的现象称为误差复映。用公式表达为：

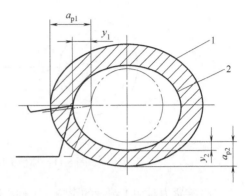

图 5.10 毛坯形状误差的复映

$$\varepsilon = \frac{\Delta \omega}{\Delta m} = \frac{y_1 - y_2}{a_{p1} - a_{p2}} = \frac{A}{k_{xt}} \quad (5\text{-}3)$$

式中，ε 称为复映系数，它定量地反映了毛坯误差经过加工后减小的程度，且工艺系统刚度越大，ε 越小，即复映在工件上的毛坯误差也越小。

由于 ε 是一个远小于 1 的正数，所以，当工件经一次走刀不能满足加工精度要求时，需进行多次走刀，逐步消除由毛坯误差 Δm 复映到工件上的误差。设 n 次走刀的误差复映系数分别为 ε_1、ε_2、ε_3、…、ε_n，则总的误差复映系数为：

$$\varepsilon_z = \varepsilon_1 \varepsilon_2 \varepsilon_3 \cdots \varepsilon_n \ll 1$$

由于工艺系统具有一定的刚度，因此工件加工后的误差 $\Delta \omega$ 总小于毛坯误差 Δm，复映系数总是小于 1，经过几次走刀后，ε 就减到很小，误差也将降低到所允许的范围内。

误差复映规律是普遍存在的，加工之前工件（毛坯）所具有的各种误差，总是以一定程度复映到加工后的工件上，因此在加工时，应采取措施减小误差复映，保证加工精度。

3）惯性力、传动力和夹紧力对加工精度的影响

① 惯性力和传动力对加工精度的影响　切削加工中，高速旋转的零部件（包括夹具、工件及刀具等）的不平衡将产生离心力。离心力在每一转中不断地变更方向。因此，它在工件加工表面法向方向的分力有时和法向切削分力同向，有时反向，从而破坏了工艺系统各成形运动的位置精度。如图 5.11（a）所示，车削一个不平衡工件，离心力 Q 和切削分力 F_p 方向相反，将工件推向刀具，使刀具背吃刀量增加。如图 5.11（b）所示，离心力 Q 和切削分力 F_p 方向相同，工件被拉离使刀具背吃刀量减小，结果形成了工件的形状误差。从加工表面的每一个横截面上看，基本上类似一个圆（理论上为心脏线），但每一个横截面上的圆的圆心不在同一条直线上，即从整个工件上看，产生了圆柱度误差。

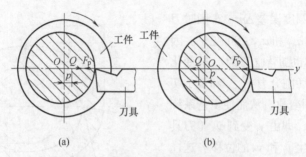

图 5.11　惯性力所引起的加工误差

② 夹紧力对加工精度的影响　工件在装夹时,由于工件刚度较低或夹紧力作用点或作用方向不当,都会引起工件的相应变形,造成加工误差。图 5.12 所示为加工发动机连杆大头时的装夹示意图,由于夹紧力作用点不当,造成加工后两孔中心线不平行以及与定位端面不垂直。

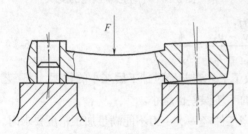

图 5.12　夹紧力作用点不当引起的加工误差

4) 减小工艺系统受力变形的措施

① 提高接触刚度　一般部件的接触刚度大大低于实际零件本身的刚度,所以提高接触刚度是提高工艺系统刚度的关键。常用的方法是改善工艺系统主要零件接触面的配合质量,如机床导轨副的刮研、配研顶尖锥体同主轴和尾座套筒锥孔的配合面,多次研磨加工精密零件用的中心孔等,都是在实际生产中行之有效的工艺措施。

② 提高工件的刚度　切削力引起的加工误差往往是因为工件本身刚度不足或工件各部位刚度不均匀而产生的。如车削细长轴时,随着走刀长度的变化,工件相应的变形也不一致。当工件材料和直径一定时,工件的长度 L 和切削分力 F_p 是影响工件受力变形的决定性因素。为了减少工件的受力变形,首先应减小支承长度(即增加支承),如安装跟刀架或中心架。减小切削分力 F_p 的有效措施是改变刀具的几何角度,如把主偏角磨成 90°,可大大降低切削分力。

③ 提高机床部件的刚度　主要体现在机床和夹具中,应保证支承件(如床身、立柱、横梁、夹具体等)、主轴部件和传动件有足够的刚度。

④ 采用合理的装夹方式和加工方法　对薄壁件,夹紧时要特别注意选择适当的夹紧方法,否则将引起很大的夹紧变形。如图 5.13 所示,当未夹紧时,薄壁套的内外圆是正圆形,由于夹紧不当,夹紧后套筒呈三棱形 [图 5.13 (a)];经镗孔后内孔呈正圆形 [图 5.13 (b)],但当松开卡爪后,工件由于弹性恢复使已镗圆的孔呈三棱形 [图 5.13 (c)]。为了减小加工误差,应使夹紧力均匀分布,采用开口过渡环 [图 5.13 (d)] 或用专用卡爪 [图 5.13 (e)] 是较好的措施。

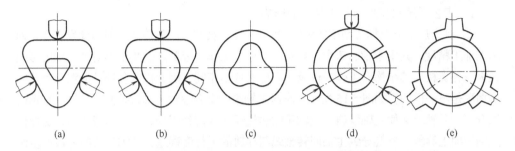

图 5.13 工件夹紧变形引起的加工误差

⑤ 减小切削力及其变化　通过改善毛坯制造工艺，减小加工余量，适当增大前角和后角，改善工件材料的切削性能等均可减小切削力。为控制和减小切削力的变化幅度，应尽量使一批工件的材料性能和加工余量保持均匀。

（4）工艺系统热变形引起的加工误差

工艺系统在各种热源的作用下，发生热胀冷缩从而破坏了工件和刀具间的相对位置或相对运动关系，造成加工误差。在生产过程自动化和精密加工迅速发展的今天，对工件的加工精度和精度稳定性提出了更高的要求。据统计，在精密加工和大件加工中，由热变形引起的加工误差占总加工误差的 40%~70%。因此，研究工艺系统的热变形问题，对精密加工和大件加工具有十分重要的意义。

1）工艺系统的热源

引起工艺系统热变形的热源大致可分为两类：内部热源和外部热源，具体来源如图 5.14 所示。

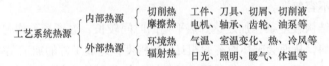

图 5.14 切削热的分类及其来源

① 切削热　对加工精度的影响最为直接，是由切削过程中切削层金属的弹性、塑性变形及刀具与工件、切屑间的摩擦所产生，并由工件、刀具、夹具、机床、切屑、切削液及周围介质传出。车削时，大量的切削热由切屑带走，传给工件的为 10%~30%，传给刀具的为 1%~5%；孔加工时，大量切屑滞留在孔中，使大量的切削热（50%左右）传入工件；磨削时，由于磨屑小，带走的热量很少，大部分传入工件，故易产生磨削烧伤。

② 摩擦热　主要由机床和液压系统中的运动部分产生，如电动机、轴承、齿轮等传动副、导轨副、液压泵、阀等运动部分产生的摩擦热。摩擦热是机床热变形的主要热源。

③ 外部热源　工艺系统的外部热源，主要是环境温度的变化和热的辐射，大型和精密工件的加工受此影响较大。

2）工艺系统热变形对加工精度的影响

① 机床热变形对加工精度的影响。机床热变形会使机床的静态几何精度发生变化而影响加工精度，其中主轴、床身、导轨、立柱、工作台等部件的热变形对加工精度影响最大。各类机床其结构、工作条件及热源形式均不相同，因此机床各部件的温升和热变形情况是不一样的。如图 5.15 所示，车床主轴箱的温升导致主轴线抬高，主轴前轴承的温升高于后轴承又使主轴倾斜，主轴箱的热量经油池传到床身，导致床身中凸，更促使主轴线向上倾斜，最终导致主轴回转轴线与导轨的平行度误差，使加工后的零件产生圆柱度误差；立式铣床的热源也是主传动系统，由于左箱壁温度高也导致主轴线升高并倾斜；磨床床身导轨面与床身底面温差 1℃时，其弯曲变形量可达 0.22mm。

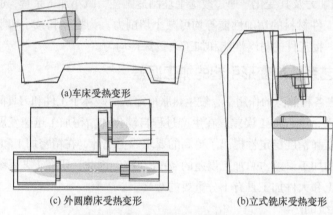

(a) 车床受热变形

(c) 外圆磨床受热变形　　　　　　(b) 立式铣床受热变形

图 5.15　各种机床受热变形的形态

机床热变形的特点：机床的体积较大，热容量大，虽温升不高，达到热平衡时间长，但变形量不容忽视。

由于机床结构较复杂，加之达到热平衡的时间较长，温度场不均匀，使其各部分的受热变形不均，从而会破坏原有的相互位置精度，造成工件的加工误差。

由于机床结构形式和工作条件不同，引起机床热变形的热源和变形形式也不相同。

对于车、铣、钻、镗类机床，主轴箱中的齿轮、轴承摩擦发热和润滑油发热是其主要热源，使主轴箱及与之相连部分（如床身或立柱）的温度升高而产生较大变形。

龙门刨床、导轨磨床等大型机床的床身较长，如果导轨面与底面间有温差，就会产生较大的弯曲变形，从而影响加工精度。

② 刀具热变形对加工精度的影响。刀具热变形主要是由切削热引起的。切削加工时虽然大部分切削热被切屑带走，传入刀具的热量并不多，但由于刀具体积小、热容量小，导致刀具切削部分的温度急剧升高，刀具热变形对加工精度的影响比较显著。图 5.16 所示为车削时车刀的热变形与切削时间的关系曲线。

连续切削时，刀具的热变形在切削初期增加得很快，随后变得很慢，经过一段时间达到热平衡，此时热变形变化量就非常小，因此，一般刀具的热变形对工件加工精

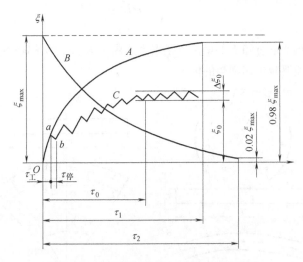

图 5.16 车刀热身长量与切削时间的关系

τ_1—刀具加热至热平衡时间;τ_2—刀具加热至热平衡时间;τ_0—刀具间断切削至热平衡时间;曲线 A—车刀连续工作时的热伸长曲线;曲线 B—切削停止后,车刀温度下降曲线;曲线 C—间断切削的热变形切削

度影响不大;间断切削时,由于有短暂的冷却时间,故其总的热变形量比连续切削时要小一些,对工件加工精度影响也不大。

③ 工件热变形对加工精度的影响。在切削加工中,工件的热变形主要是由切削热引起的,有些大型精密件还受环境温度的影响,传入工件的热量越多、工件的质量越小,则热变形越大。

从工件的受热情况来看,均匀受热与不均匀受热两者引起的变形情况是不相同的,下面对这两种情况分别进行分析。

若工件均匀受热,对于一些形状简单、对称的零件,如轴、套筒等,加工时(如车削、磨削)切削热能较均匀地传入工件,工件热变形量 ΔL 可按式(5-4)估算:

$$\Delta L = \alpha L \Delta t \tag{5-4}$$

式中 α——工件材料的热胀系数,$1/℃$;
L——工件在热变形方向的尺寸,mm;
Δt——工件温升,$℃$。

在精密丝杠加工中,工件的热伸长会产生螺距的累积误差;在较长的轴类零件加工中,将出现锥度误差。

若工件不均匀受热,在刨削、铣削、磨削加工平面时,工件单面受热,上下平面间产生温差,导致工件向上凸起,凸起部分被工具切去,加工完毕冷却后,加工表面就产生了中凹,造成了几何形状误差。如图 5.17 所示,设工件长度为 L,厚度为 S,工件受热上下表面温度差为 Δt,则工件重点变形量 ΔX 的公式表达为:

$$\Delta X = \frac{\alpha L^2 \Delta t}{8S} \tag{5-5}$$

由此可见,热变形量随 L 的增大急剧增大。由于 L、S、α 都是不变量,因此要想减小变形量,必须要减少切削热的传入。

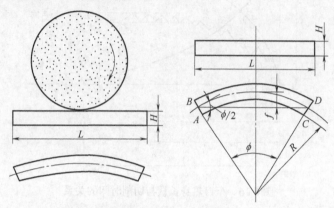

图 5.17　平面加工热变形

3）减少工艺系统热变形的工艺措施

① 减少发热和隔离热源　分离热源、采用隔热措施,改善摩擦条件,减少热量产生。有时可采用强制冷却法,吸收热源热量,控制机床温升和热变形。合理安排工艺、粗精分开。

② 均衡温度场　可采取减小温差均衡关键件的温升,避免弯曲变形的方法。比如磨床油箱置于床身内,其发热使导轨中凹,可在导轨下加回油槽;再如立式平面磨床立柱前壁温度高,产生后倾,可采用热空气加热立柱后壁等措施。

③ 改进机床布局和结构设计　如采用热对称结构设计,或合理选择机床零部件的安装基准等。

④ 保持工艺系统的热平衡　加工前使机床高速空转或人为加热,使工件达到热平衡时再进行切削加工。

⑤ 控制环境温度　可采用恒温车间或使用门帘、取暖装置均匀布置等措施保持机床环境温度恒定。恒温精度一般控制在±1℃以内,精密级较高的机床需控制在±0.5℃内。恒温室平均温度一般为 20℃,在夏季取 23℃,在冬季可取 17℃。

⑥ 热位移补偿　寻求各部件热变形的规律,建立热变形位移数字模型,并存入计算机中进行实时补偿。

（5）材料内应力引起的变形

1）内应力的概念

所谓内应力(残余应力),是指当外部的载荷除去以后,仍残存在工件内部的应力。内应力主要是由金属内部组织发生了不均匀的体积变化而产生的,其外界因素是热加工和冷加工。

具有内应力的工件处于一种不稳定状态中,它内部的组织有强烈的倾向要恢复到一种没有应力的状态。即使在常温下,其内部组织也在不断地发生着变化,直到内应力消失为止。在内应力变化的过程中,零件的形状逐渐地变化,原有的精度也会逐渐地丧失。用这些零件装配成的机器,在机器使用中也会产生变形,甚至可能影响整台机器的质量,给生产带来严重的损失。

2)内应力产生的原因及所引起的加工误差

① 毛坯制造中产生的内应力　在铸、锻、焊及热处理等热加工过程中,由于各部分热胀冷缩不均匀以及金相组织转变时的体积变化,使毛坯内部产生了相当大的内应力。毛坯的结构越复杂,各部分的厚度越不均匀,散热的条件差别越大,则毛坯内部产生的内应力也越大。具有内应力的毛坯的变形在短时间内显示不出来,内应力暂时处于相对平衡的状态,但当切去一层金属后,就打破了这种平衡,内应力重新分布,并建立一种新的平衡状态,工件就明显地出现了变形。图 5.18 所示为一个内外壁相差较大的铸件,在铸后的冷却过程中产生内应力的情况。

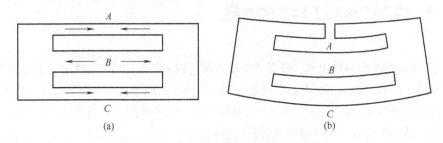

图 5.18　内应力引起的铸件外形变化

② 冷校直带来的内应力　丝杠一类的细长轴车削以后,棒料在轧制中产生的内应力会重新分布,使轴产生弯曲变形。为了纠正这种弯曲变形,常采用冷校直。校直的方法是在弯曲的反方向加外力 F,如图 5.19(a)所示,在外力 F 的作用下,工件内部的应力分布如图 5.19(b)所示,在轴线以上产生压应力(用负号"−"表示),在轴线以下产生拉应力(用正号"+"表示)。在轴线和两条双点画线之间是弹性变形区域,在双点画线以外是塑性变形区域。当外力 F 去除以后,外层的塑性变形区域阻止内部弹性变形的恢复,使内应力重新分布,如图 5.19(c)所示。因此,冷校直虽然减少了弯曲,但工件仍处于不稳定状态,如再次加工,又将产生新的弯曲变形。因此,高精度丝杠的加工,不宜采用冷校直,而是用多次人工时效或热校直、加大毛坯余量等措施,避免冷校直带来的内应力对加工精度的影响。

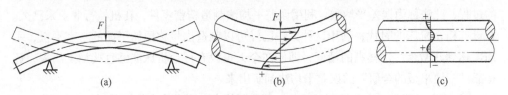

图 5.19　冷校直引起的内应力

③ 切削加工中产生的内应力　切削时，工件表层在切削力和切削热的作用下，由于工件各部分产生不同的塑性变形，以及金属组织等变化的影响也会引起内应力。这种内应力的分布情况（应力的大小及方向）由加工时的工艺因素来决定。

3）减少或消除内应力的措施

① 合理设计零件结构　应尽量简化结构，减小零件各部分尺寸差异，以减少铸锻件毛坯在制造中产生的残余应力。

② 增加消除残余应力的专门工序　对铸、锻、焊接件进行退火或回火；工件淬火后进行回火；对精度要求高的零件在粗加工或半精加工后进行时效处理（自然、人工、振动时效处理）。

③ 合理安排工艺过程　在安排零件加工工艺过程中，尽可能将粗、精加工分在不同工序中进行。

5.1.3　提高机械加工精度的途径

① 消除与减小原始误差　查明产生加工误差的主要因素后，设法对其直接进行消除或减弱。如细长轴加工用中心架或跟刀架会提高工件的刚度，也可采用反拉法切削，工件受拉不受压不会因偏心压缩而产生弯曲变形。或者采用大主偏角反向切削法车削细长轴，基本上消除了轴向切削力引起的弯曲变形。

② 补偿或抵消原始误差　人为地造出一种新的原始误差去抵消原来工艺系统中存在的原始误差，尽量使两者大小相等方向相反，从而达到减少加工误差、保证加工精度的目的。例如，用预加载荷法精加工磨床床身导轨，借以补偿装配后受有关机床部件自重的影响而产生的受力变形，以及热变形造成的加工后床身导轨面中凹的加工误差。

③ 转移原始误差　其实质是把工艺系统的几何误差、受力变形和热变形等原始误差转移到对加工精度不产生影响的非误差敏感方向。如磨削主轴锥孔时，锥孔和轴颈的同轴度，不靠机床主轴的回转精度来保证，而是靠夹具来保证，当机床主轴与工件或镗刀杆之间采用浮动连接，机床主轴的原始误差就不再影响加工精度。

④ 误差平均法　对配合精度要求很高的轴和孔，常采用研磨的方法来加工。研具本身并不要求具有很高精度，但它却能在和工件做相对运动中对工件进行微量切削，最终达到很高的精度。这种表面间相对研擦和摩擦的过程，也就是误差相互比较和转移的过程，此法称为误差平均法。利用误差平均法制造精密零件，在机械行业由来已久。在没有精密机床的时代，利用这种方法已经可以制造出号称原始平面的精密平板，平面度达到几微米。这样高的精度，即使在今天也没有一台机床能够直接加工出来，还得靠"三块平板的合研"的误差平均法刮研出来。

⑤ 加工过程中的主动控制　随着加工控制技术和测量技术的提高，加工过程中的主

动控制也被广泛使用。在过去的加工中,重点是在加工前采取措施来保持刀具和工件的正确位置,这是被动的。在加工过程中经常测量刀具和工件的相对位置变化或工件加工误差,并以此实时控制调整工艺系统状态,以提高加工精度的工艺措施是主动控制。例如,在外圆磨床上使用主动量仪在加工过程中对被磨工件尺寸进行连续的测量,并随时控制砂轮和工件间的相对位置,直至工件尺寸达到规定公差。

5.2 加工误差的统计分析

在零件加工过程中,各种原始误差会造成性质不同的加工误差,这些误差往往是多种因素综合影响的结果,而且其中不少因素对加工的影响是带有随机性的。因此,在很多情况下单靠单因素分析方法来分析加工误差是不够的,还必须运用数理统计的方法对加工误差数据进行处理和分析,从中发现误差形成的规律,从而找出影响加工误差的主要因素,这就是加工误差的统计分析法。

5.2.1 加工误差的分类

根据加工工件时误差出现的规律,加工误差可以分为系统性误差和随机性误差两大类。

(1) 系统性误差

当在相同的工艺条件下连续加工一批零件时,大小和方向保持不变或是按一定的规律而变化的加工误差,称为系统性误差。前者称为常值系统性误差,后者称为变值系统性误差。

加工原理误差和机床、刀具、夹具的制造误差,一次调整误差以及工艺系统因受力点位置变化引起的误差等,都和加工的顺序(或加工时间)没有关系,其大小和方向在一次调整中也均基本不变,因此,都属常值系统性误差;由于刀具磨损引起的加工误差,机床、刀具、工件受热变形引起的加工误差等都是随着加工顺序(或加工时间)而有规律变化的,因此属于变值系统性误差。

对于常值系统性误差,若能掌握其大小和方向,可以通过相应的调整或检修工艺装备或制造人为误差来抵消;对于变值系统性误差,若能掌握其大小和方向随时间变化的规律,可通过自动连续补偿和自动周期补偿等措施加以消除。

(2) 随机性误差

在顺序加工一批工件时,大小和方向做无规律变化的误差称为随机性误差。如加工余量不均匀或材料硬度不均匀引起的毛坯误差复映，定位误差及夹紧力大小不一引起的夹紧误差，多次调整误差，残余应力引起的变形误差等都属于随机性误差。

在生产中，误差性质的判别应根据工件的实际加工情况决定。在不同的生产场合，误差的表现性质会有所不同，原属于常值系统性的误差有时会变成随机性误差。例如，对一次调整中加工出来的工件来说，调整误差是常值误差，但在大量生产中一批工件需要经多次调整，则每次调整时的误差就是随机误差了。

由二者的性质可知，系统误差可以采取一定的措施抵消或消除，但随机误差是工艺系统中大量随机因素共同作用而引起的，只能在一定程度上减小，无法做到彻底消除。因此可以通过分析随机误差的统计规律，找出产生误差的根源，在工艺上采取措施来加以控制。

5.2.2 加工误差统计分析的方法

对于生产实际中经常以复杂的因素出现的加工误差问题，不能用前面阐述的单因素估算方法来衡量其因果关系，更不能由单个工件的检查来得出结论。因为单个工件不能暴露出误差的性质和变化的规律，单个工件的误差大小也不能代表整批工件误差的大小，所以就需要用统计分析的方法。加工误差的统计分析法就是以生产现场对工件进行实际测量所得的数据为基础，应用数理统计的方法，分析一批工件的情况，从而找出产生误差的原因以及误差性质，以便提出解决问题的方法。

在机械加工中，经常采用的统计分析法主要有分布图分析法和点图分析法。

（1）实际分布曲线——直方图

在一批零件的加工过程中，测量各零件的加工尺寸，把测得的数据记录下来，按尺寸大小将整批工件进行分组，每一组中的零件尺寸处在一定的间隔范围内。同一尺寸间隔内的零件数量称为频数，频数与该批零件总数之比称为频率。以工件尺寸为横坐标，以频数或频率为纵坐标，即可作出该工序工件加工尺寸的实际分布图——直方图。把这些点连接起来，得到一条曲线（折线），即实际分布曲线，如图5.20所示。

在实际加工过程中，统计出来的直方图不一定恰好符合标准的直方图形态，可能会出现各种偏差，统计出来的直方图可能如图5.21所示。

图5.21（a）的形状与标准直方图基本相符，加工过程稳定，是比较理想的加工状态；图5.21（b）的尺寸分散范围小于公差带，但分布中心与公差带中心不重合，有超差的可能性，需要对加工状态要调整，防止出现废品，如图5.21（e）所示；图5.21（c）所示尺寸分散范围恰好等于公差带，稍有波动就会产生废品，如图5.21（f）所示，要采取措施减小分散范围；图5.21（d）的尺寸分散范围距离公差带边缘较远，且分布中心与公差带中心重合，两边都有较大余地，此时不会出现废品，但此时的加工精度远高于设计要求，不经济。

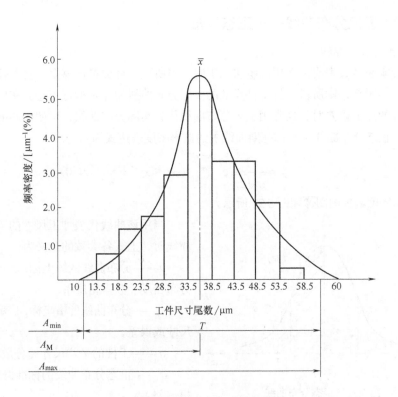

图 5.20 频率分布直方图

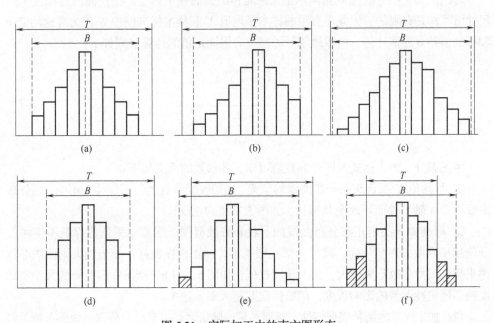

图 5.21 实际加工中的直方图形态

(2)理论分布曲线——正态分布

1)正态分布曲线

大量实践经验表明,在用调整法加工时,当所取工件数量足够多,且无任何优势误差因素的影响,则所得一批工件尺寸的实际分布曲线便非常接近正态分布曲线。在分析工件的加工误差时,通常用正态分布曲线代替实际分布曲线,可使问题的研究大大简化。正态分布曲线(又称高斯曲线)的概率密度表达式为:

$$y = \frac{1}{\sigma\sqrt{2\pi}} e^{\frac{-(x-\mu)^2}{2\sigma^2}} \quad (-\infty < x < +\infty, \ \sigma > 0) \tag{5-6}$$

概率密度函数的图像如图 5.22 所示。

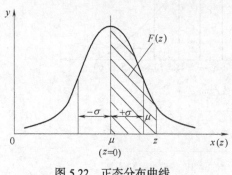

图 5.22 正态分布曲线

当用该曲线代表加工尺寸的实际分布曲线时,上式各参数的意义为:

y——分布曲线的纵坐标,表示工件的分布密度(频率密度);

x——分布曲线的横坐标,表示工件的尺寸或误差;

μ——工件的平均尺寸(分散中心);

σ——正态分布曲线的标准偏差(均方根偏差)。

理论上的正态分布曲线是向两边无限延伸的,而在实际生产中产品的特征值(如尺寸值)却是有限的。因此用有限的样本平均值 $\overline{X}$ 和样本标准偏差 S 作为理论均值 μ 和标准偏差 σ 的估计值。由数理统计原理得有限测定值的计算公式如下:

$$\begin{aligned}\overline{X} &= \frac{1}{n}\sum_{i=1}^{n} X_i \\ S &= \sqrt{\frac{1}{n-1}\sum_{i=1}^{n}(X_i - \overline{X})^2}\end{aligned} \tag{5-7}$$

由正态分布的表达式及图像的性质可知,各参数的意义如下:

① 平均值 $\overline{X}$ 决定正态分布曲线的位置。如果改变参数的值而保持 σ 不变,则分布曲线沿着 X 轴平移而不改变其形状,如图 5.23(a)所示。

② 标准差 σ 决定正态分布曲线的形状和分散范围。当算术平均值保持不变时,σ 值越小则曲线形状越陡,尺寸分散范围越小,加工精度越高;σ 值越大则曲线形状越平坦,尺寸分散范围越大,加工精度越低,如图 5.23(b)所示。因此 σ 的大小实际反映了随机性误差的影响程度,随机性误差越大则 σ 越大。

联系加工误差的两种表现特性,显而易见,随机误差引起尺寸分散,常值系统误差决定分散带中心位置,而变值系统误差则使中心位置随时间按一定规律移动。

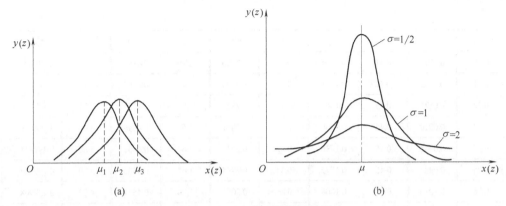

图 5.23 正态分布曲线的特征

③ 曲线对称于直线 $X=\mu$，在 $X=\mu$ 处达到极大值，且 $Y_{max}=\dfrac{1}{\sigma\sqrt{2\pi}}$。

正态曲线的这些特性表明被加工零件的尺寸靠近分散中心（均值 μ）的工件占大部分，而尺寸远离分散中心的工件是极少数的，而且工件尺寸大于 μ 和小于 μ 的频率是相等的。

④ 某段区域概率值的计算：由分布函数的定义可知，正态分布函数是正态分布概率密度函数的积分：

$$\phi(x)=\frac{1}{\sigma\sqrt{2\pi}}\int_{-\infty}^{x}e^{-\frac{1}{2}\left(\frac{x-\mu}{\sigma}\right)^{2}}dx \tag{5-8}$$

式中，$\phi(x)$ 是正态分布曲线上下积分限间包含的面积，它表征了随机变量 x 落在区间 $(-\infty,x)$ 上的概率。

令 $z=\dfrac{x-\mu}{\sigma}$，则有：

$$F(z)=\phi(z)=\frac{1}{\sqrt{2\pi}}\int_{0}^{z}e^{-\frac{z^{2}}{2}}dz \tag{5-9}$$

式中，$\phi(z)$ 为标准正态分布中 z 点左边部分的面积，对于不同 z 值的 $\phi(z)$，可由标准正态表 5.1 查出。

表 5.1 $\phi(z)=\dfrac{1}{\sqrt{2\pi}}\int_{0}^{z}e^{-\frac{z^{2}}{2}}dz$

z	$\phi(z)$	z	$\phi(z)$	z	$\phi(z)$	z	$\phi(z)$	z	$\phi(z)$
0.00	0.0000	0.04	0.0160	0.08	0.0319	0.12	0.0478	0.16	0.0636
0.01	0.0040	0.05	0.0199	0.09	0.0359	0.13	0.0517	0.17	0.0675
0.02	0.0080	0.06	0.0239	0.10	0.0398	0.14	0.0557	0.18	0.0714
0.03	0.0120	0.07	0.0279	0.11	0.0438	0.15	0.0596	0.19	0.0753

续表

z	φ(z)	z	φ(z)	z	φ(z)	z	φ(z)	z	φ(z)
0.20	0.0793	0.41	0.1591	0.74	0.2703	1.40	0.4192	3.00	0.49865
0.21	0.0832	0.42	0.1628	0.76	0.2764	1.45	0.4265	—	—
0.22	0.0871	0.43	0.1664	0.78	0.2823	1.50	0.4332	3.20	0.49931
0.23	0.0910	0.44	0.1700	0.80	0.2881	1.55	0.4394	3.40	0.49966
0.24	0.0948	0.45	0.1736	0.82	0.2939	1.60	0.4452	3.60	0.499841
0.25	0.0987	0.46	0.1772	0.84	0.2995	1.65	0.4505	3.80	0.499928
0.26	0.1026	0.47	0.1808	0.86	0.3051	1.70	0.4554	4.00	0.499968
0.27	0.1064	0.48	0.1844	0.88	0.3106	1.75	0.4599	4.50	0.499997
0.28	0.1103	0.49	0.1879	0.90	0.3159	1.80	0.4641	5.00	0.49999997
0.29	0.1141	0.50	0.1915	0.92	0.3212	1.85	0.4678	—	—
0.30	0.1179	0.52	0.1985	0.94	0.3264	1.90	0.4713	—	—
0.31	0.1217	0.54	0.2054	0.96	0.3315	1.95	0.4744	—	—
		0.56	0.2123	0.98	0.3365	2.00	0.4772	—	—
0.32	0.1255	0.58	0.2190	1.00	0.3413	2.10	0.4821		
0.33	0.1293	0.60	0.2257	1.05	0.3531	2.20	0.4861		
0.34	0.1331	—	—	1.10	0.3643	2.30	0.4893	—	—
0.35	0.1368	0.62	0.2324	1.15	0.3749	2.40	0.4918	—	—
0.36	0.1406	0.64	0.2389	1.20	0.3849	2.50	0.4938		
0.37	0.1443	0.66	0.2454	1.25	0.3944	2.60	0.4953		
0.38	0.1480	0.68	0.2517	1.30	0.4032	2.70	0.4965		
0.39	0.1517	0.70	0.2580			2.80	0.4974		
0.40	0.1554	0.72	0.2642	1.35	0.4115	2.90	0.4981		

⑤ 正态分布曲线下的面积 A 代表了工件（样本）的总数，即 100%，即：

$$A = \int_{-\infty}^{+\infty} Y \mathrm{d}x = 1 \tag{5-10}$$

计算结果表明，工件尺寸落在 $\pm 3\sigma$ 范围内的概率为 0.9973，而落在该范围之外的概率仅为 0.0027，可以忽略不计。因此可以认为，正态分布曲线的分散范围为 $\pm 3\sigma$，这就是工程上经常用到的 $\pm 3\sigma$ 原则，也称 6σ 准则。

$\pm 3\sigma$（或 6σ）原则是一个很重要的概念，在研究加工误差时应用很广。6σ 的大小代表了某种加工方法在一定的条件下所能达到的加工精度。所以在一般情况下，应使所选择的加工方法的标准偏差 σ 与公差带宽度 T 之间具有下列关系：

$$6\sigma \leq T \tag{5-11}$$

这样才能可靠地保证加工精度。

2）非正态分布曲线

在实际加工过程中，由于各种误差的存在或者操作者主观意识的偏差，造成实际的工件尺寸分布有时并不接近于正态分布。常见的异常曲线分布如图5.24所示。

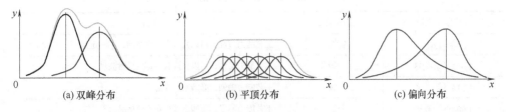

图 5.24　几种非正态分布

双峰分布：将两次调整下加工的工件或两台机床加工的工件混在一起，尽管每次调整加工的工件都接近正态分布，但由于两次调整的参数或两台机床的常值系统误差不同，叠加在一起就得到了双峰曲线，如图5.24（a）所示；

平顶分布：当加工中刀具或砂轮的尺寸磨损较快而没有补偿时，变值系统误差占突出地位，工件的实际尺寸分布如图5.24（b）所示。尽管在加工的每一瞬时，工件的尺寸均呈正态分布，但随着刀具或砂轮的磨损，其分散中心是逐渐移动的，因此分布曲线呈平顶状。

偏向分布：当工艺系统存在显著的热变形时，热变形在开始阶段变化较快，以后逐渐减弱，直至达到热平衡状态，在这种情况下分布曲线呈不对称状态；又如用试切法加工时，由于主观上不愿意产生废品，加工孔时宁小勿大，加工外圆时宁大勿小，使分布曲线也常常出现不对称状态。

3）分布曲线法的应用

① 判断加工误差的性质　如果实际分布曲线基本符合正态分布，则说明加工过程中无变值系统误差（或影响很小）；若公差带中心与尺寸分布中心重合，则加工过程中无常值系统误差；否则存在常值系统误差，其大小为工件极限尺寸平均值与工件实际尺寸平均数之差的绝对值；若实际分布曲线不服从正态分布，可根据直方图分析判断变值系统误差的类型，分析产生误差的原因并采取有效措施加以抑制和消除。

② 确定给定加工方法的精度　在多次统计的基础上，按照每一种加工方法求得其标准差 σ，按分散范围等于 6σ 的规律，即可确定各种加工方法所能达到的加工精度。

③ 判断工序能力及其等级　工序能力指工序处于稳定、正常状态时，该工序加工误差正常波动的幅值。当加工尺寸符合正态分布时，其尺寸分散范围等于 6σ，因此可以用 6σ 来表示工序能力。工序能力等级是以工序能力系数来表示的，它代表工序能满足加工精度要求的程度。通常把工件尺寸公差 T 与分散范围 6σ 的比值称为该工序的工序能力系数 C_p，用以判断生产能力，即：

$$C_p = T / (6\sigma)$$

根据工序能力系数的大小,将工序能力分为五级,如表 5.2 所示。在一般情况下,工序能力不应低于二级。

表 5.2 工序能力等级

工序能力系数	工序等级	说明
$C_p > 1.67$	特级	工艺能力过高,可以允许有异常波动,不一定经济
$1.67 \geq C_p > 1.33$	一级	工艺能力足够,可以允许有一定的异常波动
$1.33 \geq C_p > 1.00$	二级	工艺能力勉强,必须密切注意
$1.00 \geq C_p > 0.67$	三级	工艺能力不足,可能出现少量不合格品
$0.67 \geq C_p$	四级	工艺能力很差,必须加以改进

④ 估算工序加工的合格率及废品率 分布曲线下所包含的全部面积代表一批加工零件(即 100%零件)的实际尺寸的分布范围,如图 5.25 所示。图中,C 点代表规定的最小极限尺寸 A_{min},CD 代表零件的公差带,在曲线下面 C、D 两点之间的面积代表加工零件的合格率。曲线下面其余部分的面积(图上无阴影线的部分)则为废品率。在加工外圆时,图上左边无阴影线部分相当于不可修复的废品,右边的无阴影线部分则为可修复的废品;在加工内孔时,则恰好相反。

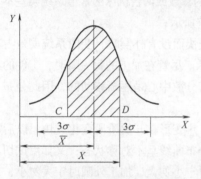

图 5.25 利用正态分布曲线计算产品合格率

综上所述,我们可以得到分布曲线分析法有以下不足之处:

① 分布曲线法未考虑零件的加工先后顺序,不能反映出系统误差的变化规律及发展趋势;

② 只有一批零件加工完后才能画出,不能在加工进行过程中提供工艺过程是否稳定的必要信息;

③ 在工艺过程中使用分布图分析法是分析工艺过程精度的一种方法,其前提是加工工艺过程是稳定的;

④ 分析加工工艺过程是否稳定,可以使用点图分析法。

(3)点图分析法

用点图来评价工艺过程稳定性采用的是顺序样本,即样本由工艺系统在一次调整中,按顺序加工的工件组成。这样的样本可以得到在时间上与工艺过程运行同步的有关信息,反映出加工误差随时间变化的趋势。

为了能直接反映出加工中系统误差和随机误差随加工时间的变化趋势,实际生产中常用点图法。点图法有多种形式,这里仅介绍 $\bar{x}$-R 图(平均值-极差点图)。

1) $\bar{x}$-R 图基本形式

$\bar{x}$-R 图是平均值 $\bar{x}$ 控制图和极差 R 控制图联合使用时的统称。前者控制工艺过程质量指标的分布中心,反映系统误差及其变化趋势,后者控制工艺过程质量指标的分散程度,反映随机误差及其变化趋势。

需要注意的是,单独的 $\bar{x}$ 点图和点图不能全面反映加工误差的情况,必须结合起来应用。常见的 $\bar{x}$-R 图如图 5.26 所示。

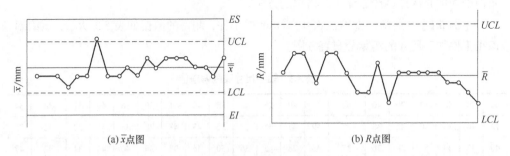

图 5.26　$\bar{x}$-R 图的一般形式

在两个点图中,都以样组序号为横坐标,以平均值 $\bar{x}$ 和极差 R 为纵坐标,UCL 与 LCL 为上、下控制线,均值点图上的点代表瞬时分散中心的位置,表明系统性误差的变化趋势。极差点图上的点代表瞬时分散范围,表明加工过程随机性误差的变化趋势。

2) 点图分析法的应用

① 点图分析法是全面质量管理中用以控制产品加工质量的主要方法之一,它是用于分析和判断工序是否处于稳定状态所使用的带有控制界限的图,又称管理图。

② $\bar{x}$-R 点图主要用于工艺验证、加工误差分析以及对加工过程的质量控制。

③ 工艺验证用于判定现行工艺或准备投产的新工艺能否稳定地保证产品的加工质量要求。

④ 工艺验证的主要内容是通过抽样检查,确定其工序能力和工序能力系数,并判别工艺过程是否稳定。

例如,发现点密集在中心线上下附近,说明分散范围变小了,这是好事。但应查明原因,使之巩固,以进一步提高工序能力(即减小 6σ 值);再如刀具磨损会使工件平均尺寸的误差逐渐增加,使工艺过程不稳定。虽然刀具磨损是机械加工中的正常现象,如果不适时加以调整,就有可能出现废品。

工艺过程是否稳定,取决于该工序所采用的工艺过程的误差情况,与产品是否出现废品不是一回事。若某工序的工艺过程是稳定的,其工序能力系数 C_p 值足够大,且样本平均值与公差带中心基本重合,那么只要在加工过程中不出现异常波动,就可以判定它不会产生废品。加工过程中不出现异常波动,说明该工序的工艺过程处于控制之中,可以继续进行加工,否则就应停机检查,找出原因,采取措施消除使加工误差增大的因素,使质量管理从事后检验变为事前预防。

5.2.3 加工误差统计分析的计算举例

如前所述,分布图分析法可以估算工序加工的合格率及废品率,下面就以正态分布曲线为例介绍计算产品加工合格率的方法。

【例 5.1】 磨削一批轴径 $\phi 50_{+0.01}^{+0.06}$ mm 的工件,测得的数据如表 5.3 所示,试绘制该批工件加工尺寸的实际分布直方图。

表 5.3 轴径尺寸实测偏差值   μm

44	20	46	32	20	40	52	33	40	25	43	38	40	41	30	36	49	51	38	34
22	46	38	30	42	38	27	49	45	45	38	32	45	48	28	36	52	32	42	38
40	42	38	52	30	36	37	43	28	45	34	50	46	33	30	40	44	34	42	47
22	28	34	30	50	32	35	22	40	35	34	42	46	42	50	40	36	20	16 $x_{\min}$	53
32	46	20	28	46	28	$x_{\max}$ 54	18	32	35	26	45	47	36	38	30	49	18	38	38

解:① 收集数据:样本容量通常取 $n=50\sim200$,找出数据中的最大值和最小值。本例中,取 $n=100$,最大值 $x_{\max}=54$,最小值 $x_{\min}=16$。

② 确定分组数:把样本数据按表 5.4 初选分组数 k,一般每组平均至少 4~5 个数据。

表 5.4 分组数 k 的选取表

n	25~40	40~60	60~100	100	100~160	160~250
k	6	7	8	10	11	12

本例中,$n=100$,取 $k=9$。

③ 计算组距:组与组的间距 $h = \dfrac{x_{\max} - x_{\min}}{k-1} = \dfrac{R}{k-1}$ (R 为极差),其中 h 取计量单位的整数值。

本例中,$h = \dfrac{R}{k-1} = \dfrac{x_{\max} - x_{\min}}{k-1} = \dfrac{54-16}{9-1} = 4.75\mu m$,取 $h=5\mu m$。

④ 确定组界：第一组的上下限值 $x_{\min} \pm \dfrac{h}{2}$。其余各组的上下界限：第一组上界限=第二组下界限，第二组上界限=组距+本组下界限，其余类推。

本例中，第一组上限值：$x_{\min} + \dfrac{h}{2} = 16 + \dfrac{5}{2} = 18.5\mu m$。

第一组下限值：$x_{\min} - \dfrac{h}{2} = 16 - \dfrac{5}{2} = 13.5\mu m$，其他组类推。

⑤ 计算组中值：其余各组的中心值 $x_i = \dfrac{某组上界限值 + 下界限值}{2}$

本例中，第一组中心值 $x_1 = \dfrac{18.5 + 13.5}{2} = 16\mu m$，其他组类推。

⑥ 记录各组数据，作出频数表，统计各组尺寸、频数，填入表5.5中。

表 5.5 频数分布表

组号	组界/μm	中心值 x_1	频数统计	频数	频率/%	频率密度 /μm⁻¹/%
1	13.5~18.5	16	下	3	3	0.6
2	18.5~23.5	21	正丅	7	7	1.4
3	23.5~28.5	26	正下	8	8	1.6
4	28.5~33.5	31	正正丅	13	13	2.6
5	33.5~38.5	36	正正正正正一	26	26	5.2
6	38.5~43.5	41	正正正一	16	16	3.2
7	43.5~48.5	46	正正一	16	16	3.2
8	48.5~53.5	51	正正	10	10	2
9	53.5~58.5	56	一	1	1	0.2

⑦ 计算样本平均差和标准差。

平均差：$\bar{x} = \dfrac{1}{n}\sum_{i=1}^{n} x_i$

标准差：$s = \sqrt{\dfrac{1}{n-1}\sum_{i=1}^{n}(x_i - \bar{x})^2}$

本例中，$\bar{x} = 37.29\mu m$，$s = 8.93\mu m$。

⑧ 画直方图：按表列数据，以频率为纵坐标，组距为横坐标，画出直方图，如图 5.27 所示。

【例 5.2】 已知 $\sigma=0.005$，尺寸公差 $T=0.02mm$，且公差带对称于零件尺寸分散范围中点，假设零件尺寸服从正态分布，求此时的废品率。

解：① 先求出公差带极限尺寸真实数值：$x = \dfrac{T}{2} = \dfrac{0.02}{2} = 0.01$。

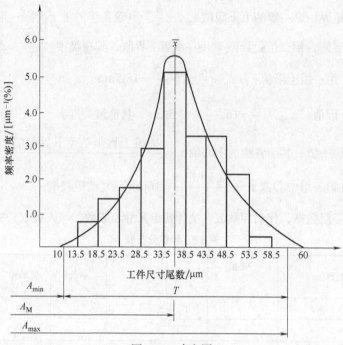

图 5.27 直方图

② 计算出公差带极限尺寸对应标准正态分布的数值：由于公差带中心与尺寸分布中心重合，因此只算一边即可：$z = \dfrac{x}{\sigma} = \dfrac{0.01}{0.005} = 2$

③ 查表，计算：由表 5.1 查得，当 $z=2$ 时，$2\phi(z) = 0.9544$，故此时的废品率为 $1 - 2\phi(z) \times 100\% = (1 - 0.9544) \times 100\% = 4.6\%$

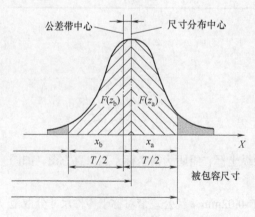

图 5.28 轴径尺寸分布图

【例 5.3】加工一批外圆，尺寸公差 $T=0.3$mm，加工完的分布曲线（图 5.28）中已知 $\sigma=0.05$，$\Delta=+0.05$，求可修复的废品率和不可修复的废品率。

解：① 先求出公差带极限尺寸真实数值：已知 $\Delta=+0.05>0$，则

$$x_a = \dfrac{T}{2} - \Delta = \dfrac{0.3}{2} - 0.05 = 0.10$$

$$x_b = \dfrac{T}{2} + \Delta = \dfrac{0.3}{2} + 0.05 = 0.20$$

② 计算出公差带极限尺寸对应标准正态分布的数值：由于公差带中心与尺寸分布中心有偏差，需要分别计算。

$$z_a = \frac{x_a}{\sigma} = \frac{0.10}{0.05} = 2, \quad z_b = \frac{x_b}{\sigma} = \frac{0.20}{0.05} = 4$$

③ 查表5.1，计算：$F(z_a) = 0.4772$，$F(z_b) = 0.499968$。

由于是轴类加工，因此尺寸较小的部分为不可修复废品，此时对应 z_b 数值，故不可修复的废品率为：0.5-0.499968=0.000032=0.0032%；

同理，尺寸较大的部分为可修复废品，此时对应 z_a 数值，故可修复的废品率为：0.5-0.4772=0.0228=2.28%。

5.3 机械加工表面质量

零件的机械加工质量，除了加工精度之外，表面质量也是极其重要且不容忽视的一个方面。产品的工作性能，尤其是它的可靠性、耐久性，在很大程度上取决于其主要零件的表面质量。掌握机械加工中各种工艺因素对表面质量影响的规律，并应用这些规律控制加工过程，以达到提高加工表面质量、提高产品性能的目的。

5.3.1 机械加工表面质量的概述

（1）机械加工表面质量的含义

机械加工后的零件表面，实际上不是理想的光滑表面，而是存在着不同程度的表面粗糙度、冷硬、裂纹等表面缺陷。虽然只有极薄的一层（几微米到几十微米），但都错综复杂地影响着机械零件的精度、耐磨性、配合精度、抗腐蚀性和疲劳强度等，从而影响产品的使用性能和寿命，因此必须加以足够的重视。零件表面质量的含义包括两个方面的内容：

1）表面层的几何形状特征（图5.29）

① 表面粗糙度　加工表面上较小间距和峰谷所组成的微观几何形状特征，即加工表面的微观几何形状误差（L/H<50）。其评定参数主要有轮廓算术平均偏差 Ra 或轮廓最大高度 Rz。

② 表面波度　介于宏观形状误差与微观表面粗糙度之间的周期性形状误差（L/H<50~1000），主要由机械加工过程中低频振动引起，应作为工艺缺陷设法消除。

③ 当 L/H>1000 时，属于宏观几何形状误差，包括尺寸误差、形状误差和位置误差等。

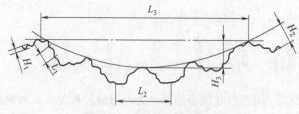

图 5.29 零件几何表面形状

④ 纹理方向　表面刀纹的方向。它取决于表面形成所采用的机械加工方法，一般运动副或密封件对纹理方向有要求。

⑤ 表面缺陷　在加工表面个别位置上出现的缺陷，如砂眼、气孔和裂痕等。

2）表面层的物理力学性能

机械零件在加工中由于受切削过程力和热的综合作用，表面层金属的物理力学性能和基体金属大不相同，主要有以下三方面的内容：

① 表面层冷作硬化（简称冷硬）　工件在加工过程中，表面层金属产生强烈的塑性变形，使工件加工表面层的强度和硬度都有所提高的现象。

② 表面层金相组织的变化　加工中，由于切削热的作用引起表面层金属金相组织发生变化的现象。如磨削时常发生的磨削烧伤，大大降低表面层的物理力学性能。

③ 表面层产生残余应力　加工中，由于切削变形和切削热的作用，工件表面层及其基体材料的交界处产生相互平衡的弹性应力的现象。残余应力超过材料强度极限就会产生表面裂纹。

（2）表面质量对零件使用性能的影响

1）表面质量对耐磨性的影响

① 表面粗糙度对耐磨性的影响　表面粗糙度值大，接触表面的实际压强增大，粗糙不平的凸峰间相互咬合、挤裂，使磨损加剧，表面粗糙度值越大越不耐磨；但表面粗糙度值也不能太小，表面太光滑，因存不住润滑油使接触面间容易发生分子粘接，也会导致磨损加剧，如图 5.30 所示。

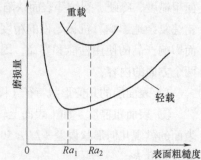

图 5.30 表面粗糙度与磨损量的关系

② 表面冷作硬化对耐磨性的影响　机械加工后的表面，由于冷作硬化使表面层金属的显微硬度提高，可降低磨损。加工表面的冷作硬化，一般能提高耐磨性；但是过度的冷作硬化将使加工表面金属组织变得"疏松"，严重时甚至出现裂纹，使磨损加剧。

③ 表面纹理对耐磨性的影响　在轻载运动副中，两相对运动零件表面的刀纹方向均与运动方向相同时，耐磨性好；两者的刀纹方向均与运动方向垂直时，耐磨性差，这是

因为两个摩擦面在相互运动中，切去了妨碍运动的加工痕迹。在重载时，两相对运动零件表面的刀纹方向均与相对运动方向一致时容易发生咬合，磨损量反而大；两相对运动零件表面的刀纹方向相互垂直，且运动方向平行于下表面的刀纹方向时，磨损量较小。

2）表面质量耐疲劳性的影响

① 表面粗糙度　在周期性的交变载荷作用下，零件表面微观不平与表面的缺陷一样都会产生应力集中现象，而且表面粗糙度值越大，即凹陷越深和越尖，应力集中越严重，越容易形成和扩展疲劳裂纹，而造成零件的疲劳损坏。

② 表面层物理力学性能　零件表面存在一定的冷作硬化，可以阻碍表面疲劳裂纹的产生，缓和已有裂纹的扩展，有利于提高疲劳强度；但冷作硬化强度过高时，可能会产生较大的脆性裂纹反而降低疲劳强度。加工表面的残余应力对疲劳强度的影响很大，残余应力可部分抵消交变载荷施加的拉应力，提高疲劳强度，而残余拉应力使零件在交变载荷下产生裂纹，降低疲劳强度。

③ 加工纹路方向　对疲劳强度的影响更大，如果刀痕与受力方向垂直，则疲劳强度将显著降低。

3）表面质量对耐腐蚀性的影响

① 表面粗糙度　零件表面粗糙度值越大，潮湿空气和腐蚀介质越容易堆积在零件表面凹处而发生化学腐蚀，或在凸峰间产生电化学作用而引起电化学腐蚀，故抗腐蚀性能越差。

② 表面层物理力学性能　表面冷硬和金相组织变化都会产生内应力。零件在应力状态下工作时，会产生应力腐蚀，若有裂纹，则会增加应力腐蚀的敏感性。因此表面内应力会降低零件的抗腐蚀性能。

4）表面质量对零件配合质量的影响

对于间隙配合，零件表面越粗糙，磨损越大，使配合间隙增大，降低配合精度；对于过盈配合，两零件粗糙表面相配时凸峰被挤平，使有效过盈量减小，将降低过盈配合的连接强度。

5.3.2　影响机械加工表面质量的因素

（1）影响机械加工表面粗糙度的因素

机械加工中，表面粗糙度形成的原因大致可归纳为几何因素和物理力学因素两个方面。

1）刀具几何形状

产生表面粗糙度的几何因素是切削残留面积和切削刃刃磨质量。在理想的切削条件下，刀具相对工件作进给运动时，在加工表面上遗留下来的切削层残留面积，如图

5.31 所示,形成了理论表面粗糙度,由图中几何关系可得:

当刀尖圆弧半径 $r_\varepsilon = 0$ 时,$H = \dfrac{f}{\cot \kappa_r + \cot \kappa_r'}$。

当刀尖圆弧半径 $r_\varepsilon > 0$ 时,$H = r_\varepsilon(1-\cos\kappa_r) \approx f^2/8r_\varepsilon$。

从上面两式可知,进给量 f、主偏角 κ_r、副偏角 κ_r' 和刀尖圆弧半径 r_ε 对切削加工表面粗糙度的影响较大。减小进给量 f、减小主偏角 κ_r 和副偏角 κ_r'、增大刀尖圆弧半径 r_ε,都能减小残留面积的高度 H,也就减小了零件的表面粗糙度。此外,刀具刃口本身的刃磨质量对加工表面粗糙度影响也很大。

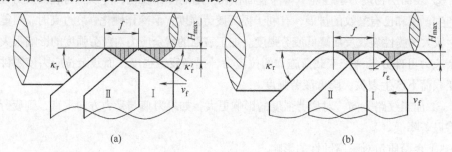

图 5.31 切削层残留面积

切削加工后表面的实际粗糙度与理论粗糙度有较大差别,这是由于在实际切削时,刀具和工件之间产生的切削力和摩擦力使表面层金属产生塑性变形、摩擦、积屑瘤、鳞刺以及工艺系统的高频振动等都会使表面粗糙度值增大。

2)切削用量

① 切削速度 v_c 切削速度越高,切屑和被加工表面的塑性变形就越小,因而表面粗糙度值就越小。一般情况下,积屑瘤和鳞刺都在较低的速度范围内产生,此速度范围随工件材料、刀具材料、刀具前角等不同而变化。采用较高的切削速度常能防止积屑瘤和鳞刺的产生,可有效地减小表面粗糙度值。

② 进给量 f 进给量越大,加工表面残留面积就越大,而且塑性变形也随之增大,这样表面粗糙度值就会增大。因此,减小进给量会有效地减小表面粗糙度值。

③ 背吃刀量 a_p 对表面粗糙度的影响不明显,一般可忽略。但背吃刀量过小,如 $a_p < 0.02$ 时,刀具对工件的正常切削就难以维持,经常出现挤压和摩擦,从而使表面粗糙值增大。因此,加工时不能选用过小的背吃刀量。

3)刀具材料与刃磨质量

刀具材料与刃磨质量对产生积屑瘤、鳞刺等影响较大,因而影响着表面粗糙度。如金刚石车刀对切屑的摩擦系数较小,在切削时不会产生积屑瘤,在同样的切削条件下与其他刀具材料相比较,加工后表面粗糙度值较小。

4)刀具几何参数

① 减小刀具的主偏角 κ_r 和副偏角 κ_r',以及增大刀尖圆弧半径 r_ε,均可减小切削层残留面积,使表面粗糙度值减小。

② 适当增大前角和后角，使刀具易于切入工件，金属塑性变形随之减小，同时切削力也明显减小，这会有效地减轻工艺系统的振动，从而使加工表面粗糙度值减小。

③ 增大刃倾角 λ_s，实际工作前角也随之增大，对减小表面粗糙度值有利。

5）切削液

选择合适的切削液，减小切削过程中的界面摩擦，降低切削区温度，减小切削变形，抑制鳞刺和积屑瘤的产生，可以大大减小表面粗糙度。

（2）影响表面物理力学性能的因素

机械加工过程中，工件在切削力、切削热的作用下，其表面层的物理力学性能会产生很大变化，主要表现在表面层的加工硬化、残余应力和金相组织变化等方面。

1）加工表面层的加工硬化

机械加工过程中，工件表面层金属受切削力作用，产生强烈的塑性变形，使金属的晶格扭曲，晶粒被拉长、纤维化甚至破碎而引起表面层的强度和硬度增加，塑性降低，物理性能（如密度、导电性、导热性等）也有所变化，这种现象称为加工硬化，又称冷作硬化。冷作硬化的程度决定于产生塑性变形的力、变形速度及变形时的温度。切削力越大，塑性变形越大，则硬化程度越大；塑性变形速度越快，变形越不充分，则硬化程度越小。另外，加工过程中产生的切削热会使工件表面层金属温度升高，当升高到一定程度时，会使已强化的金属恢复到正常状态，失去其在加工硬化中得到的物理力学性能，这种现象称为软化。因此，金属的加工硬化实际取决于硬化速度和软化速度之比。

影响切削加工表面层加工硬化的因素：

① 切削用量的影响　切削用量中进给量和切削速度对加工硬化的影响较大。增大进给量，切削力随之增大，表面层金属的塑性变形程度增大，加工硬化程度增大；增大切削速度，刀具对工件的作用时间减少，塑性变形的扩展深度减小，故而硬化层深度减小。另外，增大切削速度会使切削区温度升高，有利于减少加工硬化。

② 刀具几何形状的影响　刀刃钝圆半径对加工硬化影响最大。实验证明，已加工表面的显微硬度随着刀刃钝圆半径的加大而增大，这是因为径向切削分力会随着刀刃钝圆半径的增大而增大，使得表面层金属的塑性变形程度加剧，导致加工硬化增大。此外，刀具磨损会使后刀面与工件间的摩擦加剧，表面层的塑性变形增加，导致表面冷作硬化加大。

③ 加工材料性能的影响　工件的硬度越低、塑性越好，加工时塑性变形越大，冷作硬化越严重。

2）加工表面层的残余应力

切削和磨削加工中，加工表面层材料组织相对基体组织发生形状、体积变化或金相组织变化时，在加工后工件表面层及其与基体材料交界处就会产生相互平衡的应力，这种应力即为表面层的残余应力。残余应力有压应力和拉应力之分，残余压应力可提高工件表面的耐磨性和疲劳强度，残余拉应力则可使耐磨性和疲劳强度都降低。若拉应力

值超过工件材料的疲劳强度极限,则使工件表面产生裂纹,加速工件的损坏。引起残余应力的原因有下面三个方面:

① **冷态塑性变形引起的残余应力**　切削加工时,加工表面在切削力的作用下产生强烈的塑性变形,表面层金属的比容增大,体积膨胀,但受到与它相连的里层金属的阻止,从而在表面层产生了残余压应力,在里层产生了残余拉应力。当刀具在被加工表面上切除金属时,由于受后刀面的挤压和摩擦作用,表面层金属纤维被严重拉长,仍会受到里层金属的阻止,而在表面层产生残余压应力,在里层产生残余拉应力。

② **热态塑性变形引起的残余应力**　切削加工时,大量的切削热会使加工表面产生热膨胀,由于基体金属的温度较低,会对表面层金属的膨胀产生阻碍作用,因此表面层产生热态压应力。当加工结束后,表面层温度下降要进行冷却收缩,但受到基体金属阻止,从而在表面层产生残余拉应力,里层产生残余压应力。该过程如图 5.32 所示。

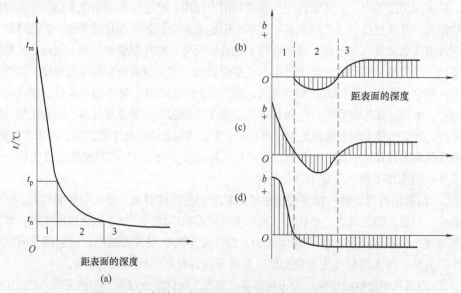

图 5.32　切削热在表面层金属产生残余拉应力的示意图

③ **金相组织变化引起的残余应力**　如果在加工中工件表面层温度超过金相组织的转变温度,则工件表面层将产生组织转变,表面层金属的比容将随之发生变化,而表面层金属的这种比容变化必然会受到与之相连的基体金属的阻碍,从而在表面层、里层产生互相平衡的残余应力。例如在磨削淬火钢时,由于磨削热导致表面层可能产生回火,表面层金属组织将由马氏体转变成接近珠光体的屈氏体或索氏体,密度增大,比容减小,表面层金属要产生相变收缩但会受到基体金属的阻止,而在表面层金属产生残余拉应力,里层金属产生残余压应力。如果磨削时表面层金属的温度超过相变温度,且冷却充分,表面层金属将成为淬火马氏体,密度减小,比容增大,则表面层将产生残余压应力,里层则产生残余拉应力。

实际机械加工后的表面层残余应力及其分布是上述三方面因素综合作用的结果,

在一定条件下,其中某一种或两种因素可能起主导作用。若切削时切削热不多(一般切削加工)则以冷态塑性变形为主,表面层常产生残余压应力。若切削热多(磨削加工)则以热态塑性变形为主,表面层常产生残余拉应力。

3)加工表面层的金相组织变化与磨削烧伤

切削加工过程中,在加工区由于切削热的作用,加工表面温度会升高。当温度升高到超过金相组织转变的临界点时,就会产生金相组织变化。一般的切削加工方法,切削热被切屑带走,加工表面温升不高,不影响表面层金相组织。而磨削加工时,磨粒在高速下以很大的负前角切削薄层金属,其切削功率消耗远大于一般切削加工,且其加工热量的大部分将传给被加工表面,使工件表面层有很高的温度,当温度达到相变临界点时,表面层金属就发生金相组织变化,强度和硬度降低,产生残余应力,甚至出现微观裂纹。这种现象称为磨削烧伤。

淬火钢在磨削时,由于磨削条件不同,产生的磨削烧伤有三种形式:

① 回火烧伤 磨削时,如果工件表面层温度超过了马氏体转变温度而未能超过其相变临界温度,则表面层原来的回火马氏体组织将产生回火现象而转变为硬度较低的回火组织(索氏体或屈氏体),这种现象称为回火烧伤。

② 淬火烧伤 如果磨削时工件表面温度超过相变临界温度,则马氏体转变为奥氏体,在冷却液作用下,工件最外层金属会出现二次淬火马氏体组织,其硬度比原来的回火马氏体高,在其下层,因冷却速度较慢,仍为硬度较低的回火组织,这种现象称为淬火烧伤。

③ 退火烧伤 磨削时,当工件表面层温度超过相变临界温度Ac_3时,马氏体转变为奥氏体。若此时无冷却液,表面层金属空冷冷却比较缓慢而形成退火组织,硬度和强度均大幅度下降。这种现象称为退火烧伤。

无论是何种烧伤,如果比较严重都会使零件使用寿命成倍下降,甚至根本无法使用,所以磨削时要避免烧伤。产生磨削烧伤的根源是磨削区的温度过高,因此,要减少磨削热的产生和加速磨削热的传出,以避免磨削烧伤。

(3)提高表面质量的措施

1)减小表面粗糙度的工艺措施

对一般的切削加工,可采取以下措施:

① 适当增大刀具的前角,可以降低被切削材料的塑性变形;降低刀具前刀面和后刀面的表面粗糙度可以抑制积屑瘤的生成;

② 增大刀具后角,可以减少刀具和工件的摩擦;

③ 合理选择冷却润滑液,可以减少材料的变形和摩擦,降低切削区的温度。

对砂轮磨削加工,可采取以下措施:

① 磨削温度不高时,降低工件线速度和纵向进给量;

② 仔细修整砂轮,适当增加光磨次数;

③ 适当选择砂轮的粒度、硬度、组织和磨料;

④ 合理选择磨削液。

2)减少表面层的冷作硬化的工艺措施

① 合理选择刀具的几何参数,采用较大的前角和后角;

② 合理限制后刀面的磨损程度；
③ 合理选择切削用量，采用较高的切削速度和较小的进给量；
④ 加工时，采用有效的切削液。

3）采用表面强化工艺

① 喷丸强化：用压缩空气或离心力将大量直径细小（$\phi 0.2\sim 4mm$）的丸粒（钢丸、玻璃丸）以较快的速度（$30\sim 50m/s$）打击零件表面，造成表面产生冷硬层和压应力，提高疲劳强度和使用寿命；

② 滚压强化：利用淬硬和精细研磨过的滚轮或滚珠，在常温状态对金属表面进行挤压，使表面层材料产生塑性流动，修正工件表面的微观几何形状，并使金属组织细化，形成残余压应力，提高耐疲劳强度。

5.4 机械加工过程中的振动

机械加工中的振动，一般使刀具与工件之间产生相对位移，严重破坏工件和刀具之间正常的运动轨迹，不仅恶化了加工表面质量，缩短了刀具和机床的使用寿命，而且严重时将使加工无法进行。常常为了避免振动，不得不降低切削用量，从而降低了生产率。同时由于振动发出刺耳的噪声，不仅使劳动者容易疲劳、身心受到损害、工作效率降低，而且污染环境。

根据机械加工中振动的特性，从两个方面对振动进行分类。

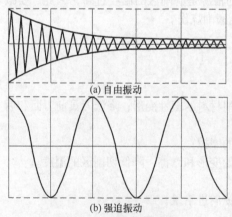

图 5.33 自由振动与强迫振动

(1) 按工艺系统振动的性质分类

① 自由振动——工艺系统受到初始干扰力激励破坏了其平衡状态，系统仅靠弹性恢复力来维持的振动，称为自由振动。由于总存在阻尼，自由振动将逐渐衰减，如图 5.33（a）所示（约占 5%）。

② 强迫振动——系统在周期性激振力（干扰力）持续作用下产生的振动，称为受迫振动。受迫振动的稳态过程是谐振动，只要有激振力存在，振动系统就不会被阻尼衰减掉，如图 5.33（b）所示（占 35%）。

③ 自激振动——在没有周期性干扰力作用的情况下，由振动系统本身产生的交变力所激发和维持的振动，称为自激振动。切削过程中产生的自激振动也称为颤振（约占 60%）。

（2）按工艺系统的自由度数量分类

① 单自由度系统的振动——用一个独立坐标就可确定系统的振动。

② 多自由度系统的振动——用多个独立坐标才能确定系统的振动。二自由度系统是多自由度系统最简单的形式。

图 5.34 给出了工艺系统振动的分类及其产生的主要原因。

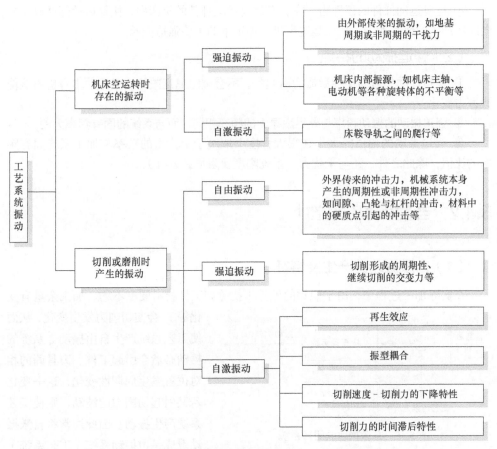

图 5.34　工艺系统振动的分类及其产生的主要原因

5.4.1　强迫振动及其控制

（1）机械加工过程中的强迫振动

机械加工中的强迫振动与一般机械中的强迫振动没有什么区别，其主要振源为机床内部的机内振源和机床外部的机外振源。机外振源主要是通过地基传给机床的，可通过加设隔振地基来隔离。机内振源主要有以下几方面：

① 机床高速旋转件不平衡　电动机转子、带轮、联轴器、砂轮以及被加工工件等

旋转不平衡引起的周期性激振力，使加工过程产生强迫振动。

② 机床传动机构缺陷　制造不精确或安装不良的齿轮，传送带传动中V带厚度不均匀，液压传动系统中由于油泵工作特性引起的油路油压脉动等，都会引起强迫振动。

③ 切削过程中的冲击　在铣削、拉削等加工中，刀齿在切入工件或从工件上切出时，都会产生冲击；加工断续表面也会发生由周期性冲击而引起的强迫振动。

④ 往复运动部件的惯性力　在具有往复运动部件的机床中，往复运动部件改变方向时所产生的惯性冲击，往往是这类机床加工中的主要强迫振源。

（2）强迫振动的特点

① 强迫振动是由周期性激振力引起的，不会被阻尼衰减掉，但振动本身也不能使激振力变化；

② 强迫振动的振动频率与外界激振力的频率相同，而与系统的固有频率无关；

③ 强迫振动的幅值的大小在很大程度上取决于干扰力的频率与加工系统固有频率的比值，除此之外，还与干扰力、系统刚度及阻尼系数有关。

5.4.2　自激振动及其控制

（1）自激振动的产生及特征

在实际加工过程中，由于偶然的外界干扰（如工件材料硬度不均、加工余量有变化等），会使切削力发生变化，从而使工艺系统产生自由振动。系统的振动必然会引起工件、刀具间的相对位置发生周期性变化，这一变化若又引起切削力的波动，则使工艺系统产生振动。因此通常将自激振动看成是由振动系统（工艺系统）

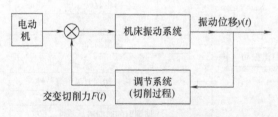

图 5.35　自激振动的闭环系统

和调节系统（切削过程）两个环节组成的一个闭环系统，如图 5.35 所示。

激励工艺系统产生振动运动的交变力是由切削过程本身产生的，而切削过程同时又受工艺系统的振动的控制，工艺系统的振动一旦停止，动态切削力也就随之消失。

与强迫振动相比，自激振动具有以下特征：

① 机械加工中的自激振动是在没有周期性外力（相对于切削过程而言）干扰下所产生的振动，这一点与强迫振动有本质区别。

② 自激振动的频率接近系统的某一固有频率，或者说，颤振频率取决于振动系统的固有特性。这一点与强迫振动根本不同，强迫振动的频率取决于外界干扰力的频率。

③ 自由振动受阻尼作用将迅速衰减，而自激振动却不因有阻尼存在而衰减为零。

自激振动能否产生以及振幅的大小决定于每一振动周期内系统所获得能量与所消耗能量之差的正负号。由图 5.36 可知，在一个振动周期内，若振动系统获得的能量 $E+$ 等于系统消耗的能量 $E-$，则自激振动是以 OB 为振幅的稳定的等幅振动。当振幅为 OA 时，振动系统每一振动周期从电动机获得的能量大于振动所消耗的能量，则振幅将不断增大，直至增大到振幅 OB 为止；反之，当振幅为 OC 时，振动系统每一振动周期从电动机获得的能量小于振动所消耗的能量，则振幅将不断减小，直至减小到振幅 OB 为止。

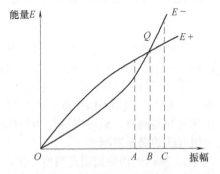

图 5.36 振动系统的能量关系

（2）产生自激振动的条件

如果在一个振动周期内，振动系统从电动机获得的能量大于振动系统对外界做功所消耗的能量，若两者之差刚好等于克服振动阻尼时所消耗的能量，则振动系统将有等幅振动运动产生。

图 5.37（a）所示为单自由度机械加工振动模型，振动系统与刀架相连，设工件系统为绝对刚体，且只在 y 方向做单自由度振动（暂不考虑阻尼作用）。在背向力 F_p 作用下，刀具做切入、切出的往复运动（振动）。刀架振动系统同时还有弹簧推力 F_k 作用在它上面。y 越大，F_k 也越大，当 $F_p = F_{弹}$ 时，刀架的振动停止。

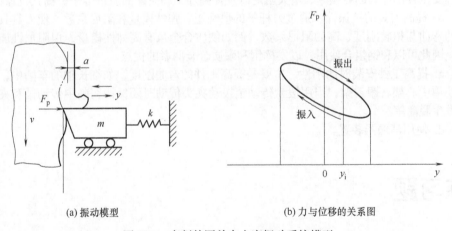

(a) 振动模型　　　　　　　　(b) 力与位移的关系图

图 5.37 车削外圆单自由度振动系统模型

对上述振动系统而言，背向力 F_p 是外力，F_p 对振动系统做功如图 5.37（b）所示。刀具切入，其运动方向与背向力方向相反，做负功，即振动系统要消耗能量 W_1；刀具切出，其运动方向与背向力方向相同，做正功，即振动系统要吸收能量 W_2。

由自激振动特点可知，只有当正功大于负功，或者说刀架系统获得的能量大于对外界（工件）释放的能量时，系统才有可能维持自激振动。即当 $W_2 > W_1$ 时，刀架振动系统将有持续的自激振动产生。

5.4.3 控制机械加工振动的途径

研究机械加工过程中振动产生的机理，探讨如何提高工艺系统的抗振性和消除振动的措施，一直是机械加工工艺学的重要课题之一。机械加工振动的控制手段如下：

① 改进机床传动结构　进行消振与隔振最有效的办法是找出外界的干扰力（振源）并除之。如果不能去除，则可以采用隔绝的方法，如机床采用厚橡皮或木材等将机床与地基隔离，就可以隔绝相邻机床的振动影响。精密机械、仪器采用空气垫等也是很有效的隔振措施。

② 提高传动件的制造精度　传动件的制造精度会影响传动的平稳性，引起振动。在齿轮啮合、滚动轴承以及带传动等传动中，减少振动的途径主要是提高制造精度和装配质量。

③ 合理选择刀具几何角度　适当增大前角 γ_0，主偏角 κ_r，能减小切削力 F_y，从而减小振动。后角 α_0 可尽量取小，但在精加工中，由于 α_0 较小，切削刃不容易切入工件，而且 α_0 过小时，刀具后刀面和加工表面间的摩擦可能过大，这样反而容易引起颤振。通常在车刀的主后刀面上磨出一段负倒棱，能起到很好的消振作用，此种刀具称为消（防）振车刀。

④ 提高工艺系统本身的抗振性。

a. 提高机床的抗振性。机床的抗振性能往往占主导地位，可以从改善机床的刚性、合理安排各部件的固有频率、增大阻尼以及提高加工和装配的质量等来提高其抗振性。

b. 提高刀具的抗振性。通过刀杆等的惯性矩、弹性模量和阻尼系数，使刀具具有高的弯曲与扭转刚度、高的阻尼系数，例如硬质合金虽有高弹性模量，但阻尼性能较差，因此可以和钢组合使用，以发挥钢和硬质合金两者的优点。

c. 提高工件安装时的刚性。主要是提高工件的弯曲刚度，如细长轴的车削中，可以使用中心架、跟刀架，当用拨盘传动销拨动夹头传动时要保持切削中传动销和夹头不发生脱离等。

d. 使用消振器装置。

练习题

一、选择题

1. （　　）为常值系统误差。
   A. 机床、夹具的制造误差　　　　B. 刀具热伸长
   C. 内应力重新分布　　　　　　　D. 刀具线性磨损

2. 原始误差是指产生加工误差的"源误差"，即（　　）。
   A. 机床误差　　B. 夹具误差　　C. 刀具误差　　D. 工艺系统误差

3. 误差的敏感方向是（　　）。
   A. 主运动方向　　　　　　　　B. 进给运动方向
   C. 过刀尖的加工表面的法向　　D. 过刀尖的加工表面的切向
4. 为减小传动元件对传动精度的影响，应采用（　　）传动。
   A. 升速　　　B. 降速　　　C. 等速　　　D. 变速
5. 通常机床传动链的（　　）元件误差对加工误差影响最大。
   A. 首端　　　B. 末端　　　C. 中间　　　D. 两端
6. 工艺系统刚度等于工艺系统各组成环节刚度（　　）。
   A. 之和　　　B. 倒数之和　　C. 之和的倒数　　D. 倒数之和的倒数
7. 机床部件的实际刚度（　　）按实体所估算的刚度。
   A. 大于　　　B. 等于　　　C. 小于　　　D. 远小于
8. 误差复映系数与工艺系统刚度成（　　）。
   A. 正比　　　B. 反比　　　C. 指数关系　　D. 对数关系
9. 车削加工中，大部分切削热（　　）。
   A. 传给工件　B. 传给刀具　C. 传给机床　D. 被切屑所带走
10. 磨削加工中，大部分磨削热（　　）。
   A. 传给工件　B. 传给刀具　C. 传给机床　D. 被磨屑所带走

二、简答题

1. 什么是误差复映？其大小与哪些因素有关？
2. 在车床上加工一批轴的外圆，加工后经测量分别有如图 5.38 所示的鞍形形状误差，试分析可能产生上述形状误差的主要原因。
3. 在车床上加工一批轴的外圆，加工后经测量有如图 5.39 所示的锥形形状误差，试分析可能产生上述形状误差的主要原因。

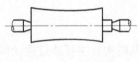

图 5.38　简答题 2 图

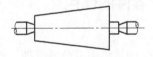

图 5.39　简答题 3 图

4. 根据所学知识，列出提高零件加工质量的措施。
5. 什么叫刚度？机床刚度曲线有什么特点？
6. 试叙述获得加工精度的方法。

三、计算题

在车床上加工一批小轴的外圆，尺寸要求为 $\phi 20_{-0.1}^{0}$ mm。若根据测量工序尺寸接近正态分布，其标准差为 $\sigma = 0.025$，公差带中心小于分布曲线中心，偏差值为 0.03。试计算不合格品率。

第 6 章

机械加工工艺规程制订实例

6.1 零件的分析

所给定的零件为 CA6140 车床中的拨叉件,如图 6.1 所示,已知该零件所用材料为 HT200,年产量为 3000 台,针对此零件制订加工工艺规程。

此拨叉的加工包含铣平面、钻孔、铰孔、镗内孔、攻螺纹等工序。本项目以实例介绍工艺规程设计的一般方法及步骤,但此零件加工工艺思路及方法不仅限于此一种,设计时可根据具体的设备情况进行特色设计。

6.1.1 零件的作用

拨叉零件是机床上的操纵件,在机床中作为操纵机构,主要通过拨动齿轮切换齿轮啮合副起到换挡作用。拨叉属于形状不规整的叉架类零件,通常要求拨叉强度好,弹性变形小,并具有一定的耐磨性和抗冲击性。一般情况下,灰铸铁是拨叉比较理想的材料。拨叉应用于车床变速机构中,如图 6.2 所示。

由图 6.2 可看出,拨叉头以 $\phi 25$mm 孔套在变速叉轴上,叉口则夹在两齿轮之间。当需要变速时,操纵变速手柄,变速操纵机构就通过拨叉壁部的操纵槽带动拨叉与变速叉轴一起在变速箱中滑移,拨叉脚拨动三联滑移变速齿轮在花键轴上滑动以改变挡位,并用螺钉经螺纹孔 $M22$ 限制变速叉轴的轴向移动,从而改变车床主轴的旋转速度。

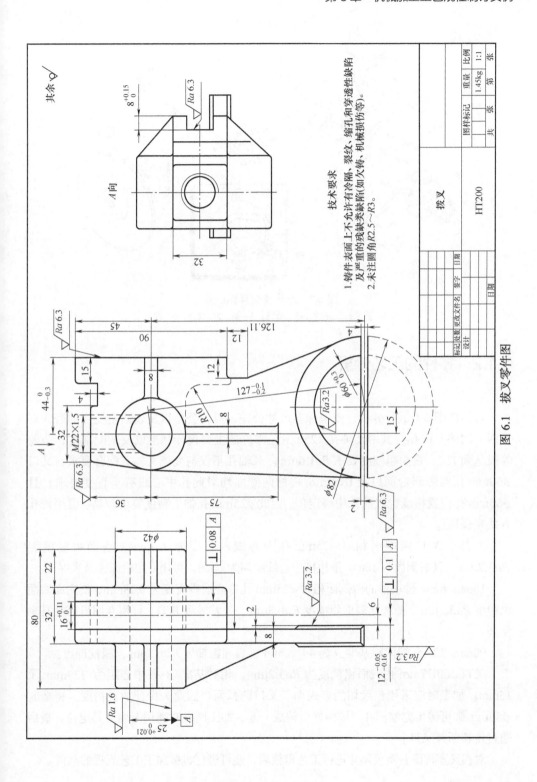

图 6.1 拨叉零件图

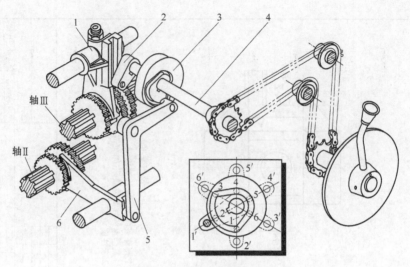

图 6.2 车床变速操纵机构
1—拨叉；2—曲柄；3—凸轮；4—轴；5—杠杆；6—轴

6.1.2 零件的工艺分析

对零件图 6.1 进行分析，图中标有尺寸公差、形位公差以及表面粗糙度的表面有平面、凹槽及内孔。其中叉轴孔 ϕ25mm 是零件的主要设计基准以及装配基准，公差等级达到 IT7，表面粗糙度要求 Ra1.6μm。叉轴孔不仅与变速叉轴有配合要求，叉口 ϕ60mm 孔两侧凸台面以及 16mm 滑块槽两侧面均对此孔中心线有垂直度要求，且 ϕ60mm 孔位置精度也以此孔中心定位，因此 ϕ25mm 孔加工精度要求较高，可用铰孔方式来保证。

此外，叉口两端面相对 ϕ25mm 孔中心线垂直度为 0.1mm，表面粗糙度为 Ra3.2μm，其右侧面与 16mm 滑块槽中心线距离为 6mm，可用专用机床夹具来保证。

16mm×8mm 滑块槽的两侧面相对 ϕ25mm 孔中心线垂直度为 0.08mm，槽侧面表面粗糙度 Ra3.2μm，槽底面表面粗糙度 Ra6.3μm，公差等级 IT11，可用专用机床夹具来保证。

90mm×32mm 端面距基准 A 为 $44_{-0.3}^{\ 0}$mm，表面粗糙度 Ra6.3μm，粗铣即可。

叉口 ϕ60H7 孔表面粗糙度为 Ra3.2μm，相对基准 A 孔中心距为 127mm 及 15mm。加工时应采用连续切削方式加工叉口圆弧面，因此为保证加工精度，铸造时 ϕ60mm 圆可铸出完整圆孔，即两件可铸成一起，加工圆孔时需用专用夹具定位，最后通过铣切断开叉口。

对拨叉零件图各重要尺寸进行工艺审核后，便可进行机械加工工艺规程的制订。

6.2 机械加工工艺规程制订

6.2.1 计算生产纲领，确定生产类型

依据题目可知，零件为 CA6140 机床中的一个拨叉件，该产品年产量为 3000 台，备品率为 α=10%，机械加工废品率为 β=1%，则该零件的年生产纲领为：

$$N=Qn(1+\alpha+\beta)$$
$$=3000\times1(1+10\%+1\%)$$
$$=3330 件/年$$

可知，拨叉件的年产量为 3330 件，该零件为轻型机械，依据表 6.1 中生产类型与生产纲领的关系可确定该零件的生产类型为中批生产。

表 6.1 生产类型与生产纲领的关系

生产类型		某类零件的产量/（件/年）		
		重型机械	中型机械	轻型机械
单件生产		<5	<20	<100
成批生产	小批	5~100	20~200	100~500
	中批	100~300	200~500	500~5000
	大批	300~1000	500~5000	5000~50000
大量生产		>1000	>5000	>50000

6.2.2 确定毛坯的制造形式

由题目已知，该拨叉零件的材料为 HT200，其强度、耐磨性、耐热性均较好，并且具有较高的铸造性和减振性，可承受较大应力，因此可以确定毛坯的制造形式为铸造。由于该零件为中批生产，选择砂型铸造机器造型和壳形，公差等级选定 CT10。

该零件尺寸不大，形状不是十分复杂，故毛坯的形状与零件形状尽量接近，从而提高生产效率。为了便于加工并保证 ϕ60mm 孔尺寸精度，铸造时此处需按整圆铸成。ϕ42mm 外圆面按图纸要求不需加工，直接铸成。

6.2.3 选择定位基准

定位方案的分析与确定，必须按照工件的加工要求，合理地选择工件的定位基准。所谓定位基准是指在加工中工件在机床或夹具上定位所依据的工件上的点、线、面。定位基准的选择是工艺规程制订的重要工作之一，是制订合理正确的工艺路线的前提。基准选择的正确、合理，可以使工件的加工质量得以保证，有效缩短工艺过程，并可提高生产率。反之，则会在加工过程中问题百出，易出现返工现象，甚至造成零件报废情况，影响生产的正常进行。

定位基准可分为粗基准和精基准。选择基准面时，需要先考虑用哪个表面作为加工时的精基准，而后需要考虑为加工出此精基准，又需要采用哪个表面作为粗基准。

（1）精基准的选择

选择精基准面时应考虑如何在加工时保证工件的定位精度以及装夹方便性，并应满足基准重合原则以及统一基准的原则。

根据拨叉零件图纸分析可知，ϕ25mm 孔轴线是其设计基准、装配基准，同时也是测量基准。为避免由于基准不重合而产生的误差，应选此孔为定位基准，用设计基准作为定位基准，遵循了"基准重合"原则。根据零件的技术要求及装配要求，同时还可选 ϕ60mm 叉口孔作精基准。另外，由于拨叉刚性差，受力易产生弯曲变形，为了避免在机械加工中产生夹紧变形，选用叉轴孔右端面为精基准，夹紧力可作用在拨叉头的左端面上，夹紧稳定可靠。零件上的很多表面都可以采用该组表面作为精基准，遵循了"基准统一"原则。

（2）粗基准的选择

如果必须首先保证工件上加工表面与不加工表面之间的位置要求，应以不加工表面作为粗基准。作为粗基准的表面应平整，没有飞边、毛刺或其他表面缺陷。粗基准原则上只能使用一次。由此可知，本例选择 ϕ42mm 外圆面及其左端面作粗基准为宜，加工内孔可保证孔的壁厚均匀，并可为后续工序准备好精基准。

6.2.4 选择零件表面加工方法

在分析零件图的基础上，对各加工表面选择相应的加工方法。由零件图可知该拨叉的加工表面有内孔、平面、槽、螺纹孔等，材料为 HT200，参考有关资料，加工方法选择如下：

① 80mm 两端面：图纸未标注尺寸公差，表面粗糙度 Ra25μm，其公差等级按 IT14，需进行粗铣。

② 叉轴孔 ϕ25H7 内孔：此孔为设计基准，公差等级 IT7，表面粗糙度为 Ra1.6μm，需采用钻、扩、粗铰、精铰加工方式实现制孔。

③ 12mm 上下端面：表面粗糙度 $Ra3.2\mu m$，公差等级为 IT11，零件表面相对叉轴孔轴心有垂直度要求，需用专用夹具定位，采用粗铣、半精铣的方式完成加工。

④ $\phi 60^{+0.3}_{0}$mm 内孔：公差等级 IT12，表面粗糙度 $Ra3.2\mu m$，距设计基准孔间距 $127^{-0.1}_{-0.2}$mm，毛坯孔已铸出，可用专用夹具定位，采用粗镗、半精镗完成加工。

⑤ 16mm 槽侧面、底面及槽端面：槽端面距设计基准为 $44^{0}_{-0.3}$mm，表面粗糙度 $Ra6.3\mu m$，采用粗铣即可；槽侧面表面粗糙度 $Ra3.2\mu m$，公差等级按 IT11，且两面相对叉轴孔轴心垂直度 0.08mm，需采用粗铣、半精铣完成，并需配合使用专用夹具。

⑥ 螺纹孔端面：表面粗糙度 $Ra6.3\mu m$，公差等级 IT12，粗铣即可。

⑦ $M22 \times 1.5$ 螺纹孔：上端面的 $M22$ 螺纹孔可先钻螺纹底孔，而后采用丝锥攻螺纹的方式完成。攻螺纹前，应设置一个倒角工序，或在本工序中先设定倒角工步，以避免折断丝锥，使攻螺纹顺利进行。

⑧ 叉口下端面：下端叉口最终需要分开，端口表面粗糙度 $Ra6.3\mu m$，端面距 ϕ60mm 孔中心 2mm。可利用中心轴定位将其一次在铣床上用锯片铣刀断开。

6.2.5 制订工艺路线

制订工艺路线是制订工艺规程中关键的一步。合理的工艺路线可有效保证工件的几何尺寸、加工精度以及表面质量，同时还可降低生产成本，获得较好经济效益。在拟定工艺路线时，工序集中或分散的程度主要取决于生产规模、零件的结构特点和技术要求，有时还要考虑各工序生产节拍的一致性。一般情况下，单件小批生产时，只能工序集中，在一台普通机床上加工出尽量多的表面；大批大量生产时，既可以采用多刀、多轴等高效、自动机床，将工序集中，又可以将工序分散后组织流水生产。

该拨叉零件的生产类型是中批生产，零件结构不是十分复杂，可尽量选用通用机床并配以专用夹具来制订工艺路线。在确定加工顺序时应满足先粗后精、基面先行、先主后次，先面后孔的基本原则，并根据现场机床的实际情况，制订合理有效的工艺路线，最终安排零件的加工工艺路线如下：

工序 05：以 ϕ42mm 外圆作粗基准，粗铣其右端面，再以右端面定位，粗铣左端面。

工序 10：以 ϕ42mm 外圆、叉头右端面及叉壁外侧面定位，钻、扩、铰 ϕ25H7 孔，使孔的精度等级达到 IT7。

工序 15：以 ϕ25mm 孔、ϕ42mm 外圆及其右端面定位，粗铣、半精铣 ϕ60mm 孔上下端面，保证端面相对 ϕ25mm 孔轴心的垂直度误差不超过 0.1mm。

工序 20：以 ϕ25mm 孔、叉口端面以及叉壁外侧面定位，粗镗、半精镗 ϕ60mm 孔，保证孔心距 $127^{-0.1}_{-0.2}$mm。

工序 25：以 ϕ25mm 孔、ϕ60mm 孔及其下端面定位，铣断 ϕ60mm 孔。

工序 30：以 ϕ25mm 孔、ϕ60mm 孔及其下端面定位，粗铣右侧沟槽端面。

工序 35：以 ϕ25mm 孔、ϕ60mm 孔及其下端面定位，粗铣 16mm 槽。

工序 40：以 ϕ25mm 孔、ϕ60mm 孔及其下端面定位，半精铣槽 16H7mm，保证槽两侧壁与 ϕ25mm 孔轴心垂直度误差不超过 0.08mm。

工序 45：以 ϕ25mm 孔、ϕ60mm 孔及其下端面定位，粗铣上端螺纹孔端面。

工序 50：以 ϕ25mm 孔、ϕ60mm 孔及其下端面定位，制 $M22$ 底孔、底孔倒角 $C1.5$、攻螺纹 $M22\times1.5$。

工序 55：钳工去毛刺。

工序 60：清洗、终检、入库。

需要说明的是，在工序 05 和工序 15 粗铣 ϕ42mm 外圆左右端面以及粗铣、半精铣叉口上下端面时，加工部位都是平面，根据六点定位原理，只限制沿 Z 轴移动、绕 X 及 Y 轴转动三个自由度即不完全定位就能保证加工要求。

6.2.6 确定机械加工余量及毛坯尺寸，设计毛坯图

该拨叉零件的材料为 HT200，抗拉强度 σ_b=200MPa，材料硬度为 163~255HBS，中批生产，铸造方法选择砂型铸造机器造型和壳型。依据表 6.2 及表 6.3 可知毛坯铸件的公差等级为 CT8~CT12，这里选定公差等级为 CT10 级。选择加工余量等级为 G 级。根据 GB/T 6414—1999 中规定要求的机械加工余量适用于整个毛坯铸件，即对所有需机械加工的表面只规定一个值，且该值应根据最终机械加工后成品铸件的最大轮廓尺寸，根据相应的尺寸范围选取。由此可确定零件的毛坯尺寸及尺寸公差，所得结果列于表 6.4 中。

表 6.2 大批量生产的毛坯铸件的公差等级

方法		公差等级 CT								
		钢	灰铸铁	球墨铸铁	可锻铸铁	铜合金	锌合金	轻金属合金	镍基合金	钴基合金
砂型铸造手工造型		11~14	11~14	11~14	11~14	10~13	10~13	9~12	11~14	11~14
砂型铸造机器造型和壳型		8~12	8~12	8~12	8~12	8~10	8~10	7~9	8~12	8~12
金属型铸造（重力铸造或低压铸造）		—	8~10	8~10	8~10	8~10	7~9	7~9	—	—
压力铸造		—	—	—	—	6~8	4~6	4~7	—	—
熔模铸造	水玻璃	7~9	7~9	7~9	—	5~8	—	5~8	7~9	7~9
	硅溶胶	4~6	4~6	4~6	—	4~6	—	4~6	4~6	4~6

表 6.3 毛坯铸件典型的机械加工余量等级

方法	要求的机械加工余量等级								
	钢	灰铸铁	球墨铸铁	可锻铸铁	铜合金	锌合金	轻金属合金	镍基合金	钴基合金
砂型铸造手工造型	G~K	F~H	F~H	F~H	F~H	F~H	F~H	G~K	G~K
砂型铸造机器造型和壳型	F~H	E~G	E~G	E~G	E~G	E~G	E~G	F~H	F~H
金属型（重力铸造或低压铸造）	—	D~F	D~F	D~F	D~F	D~F	D~F	—	—
压力铸造	—	—	—	—	B~D	B~D	B~D	—	—
熔模铸造	E	E	E	—	E	—	E	E	E

表 6.4 拨叉铸造毛坯机械加工总余量及毛坯尺寸　　　　　　mm

零件公称尺寸	单面机械加工余量	毛坯铸件基本尺寸	尺寸公差	结果
80	2.8	87.2	3.2	87.2±1.6
12	2.8	18.7	2.2	18.7±1.1
ϕ60	2.8	ϕ53	2.8	ϕ53±1.4
44	2.8	48.2	2.8	48.2±1.4
36	2.8	40.1	2.6	40.1±1.3

6.2.7 绘制拨叉铸件毛坯简图

根据以上内容及砂型铸造的有关标准与规定，绘出毛坯简图，如图 6.3 所示。

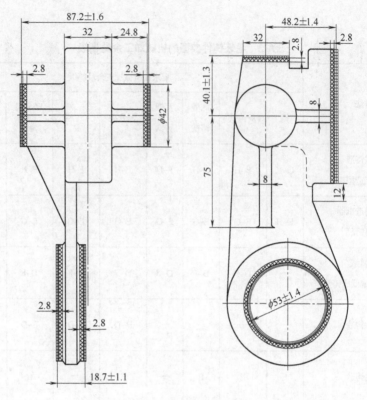

图 6.3 拨叉铸件毛坯图

6.2.8 选择加工设备及工艺装备

（1）选择加工设备

选择加工设备即选择机床类型。机床的加工尺寸范围应与零件的外廓尺寸相适应，并且机床的工作精度也应与工序的精度要求相适应。由于已经根据零件的形状、精度特点选择了加工方法，因此机床的类型也随之确定。至于机床的型号，主要取决于现场的设备情况。

① 工序 05、15 是粗铣、半精铣平面，各工序工步数量不多，选用立式铣床就能满足要求。本零件外轮廓尺寸不大，精度要求不是很高，选用较为常用的 X53T 立式铣床即可。

② 工序 10 为钻、扩、铰孔。由于加工的零件外廓尺寸不大，故在立式钻床上加工即可。选用常用 Z535 型立式钻床。

③ 工序 20 为半精镗孔。由于加工的零件外廓尺寸不大，又是回转体，故选用镗

床；由于尺寸精度要求不是很高，表面粗糙度数值较小，需选用较精密的镗床以满足要求。因此，选用卧式铣镗床T68。

④ 工序30、45是用端铣刀粗铣侧平面，工序35、40是用三面刃铣刀粗铣、半精铣槽平面，可选用卧式铣床。考虑本零件为中批生产，所选机床使用范围较广为宜，故选常用的X63型能满足加工要求。

⑤ 工序50为制螺纹孔，选用Z535型立式钻床。

⑥ 铣断工件，采用卧式铣床X61W。

（2）选择工艺装备

1）选择夹具

单件小批生产中，应尽量选用通用夹具；中、大批量生产的零件，大多采用专用机床夹具。本零件外形不是十分复杂，加工精度要求较高，为满足生产高效、操作方便等需求，本机械加工工艺规程中的所有工序均需采用专用机床夹具。

2）选择刀具

刀具的选择主要取决于工序所采用的工件材料、加工表面的尺寸、加工方法、表面粗糙度要求和加工精度、经济性及生产率等，并应尽可能选用标准刀具。

在拨叉的加工中，采用了铣、镗、钻、扩、铰、攻螺纹等多种加工方式，与之对应选用相应刀具，具体情况如下：

① 铣刀　工序05、15中ϕ42mm左右端面及ϕ60mm孔上下端面采用端铣刀进行加工。工序05中单面铣削深度为a_p=3.6mm，铣削宽度a_e=42mm。工序15工步1单面切削深度2.35mm，工步2切削深度1mm。选择硬质合金端铣刀。

工序25中铣开加工所用铣刀，根据工件尺寸，选用中齿锯片铣刀。

② 钻头　从零件要求和加工经济性考虑，工序10、50中ϕ25H7mm孔钻扩孔以及钻M22螺纹底孔采用高速钢莫氏锥柄麻花钻和莫氏锥柄扩孔钻。

③ 丝锥　选用M22×1.5细柄机用丝锥完成攻螺纹工序。

④ 镗刀　加工零件材料为HT200，镗刀一般选用硬质合金刀。

3）选择量具

本零件属于中批生产，一般采用通用量具。选择量具的方法有两种：一是按计量器具的测量方法极限误差选择，二是按计量器具的不确定度选择，先根据所测尺寸的公差获取计量器具的不确定允许值U_1，然后选择一种不确定度小于或等于U_1的量具。选择量具时，采用其中的一种方法即可。

下面以半精镗ϕ60mm孔工序为例选择量具。工序20中半精镗内孔ϕ60mm达到图纸要求，按计量器具的不确定度选择该表面加工时所需要的量具。该尺寸公差T=0.3mm。按表6.5计量器具不确定度允许值U_1=0.016mm，分度值0.02mm的游标卡尺，其不确定度值U=0.02mm，$U>U_1$，不能选用，必须$U \leq U_1$，故应选分度值

0.01mm 的内径千分尺（$U = 0.005$mm）。从表 6.6 选择 $50<l\leqslant100$mm、分度值为 0.01mm 的两点内径千分尺即可满足要求。

表 6.5 安全裕度及计量器具不确定允许值   mm

工件公差		安全裕度	计量器具不确定度允许值
大于	至	A	$U_1=0.9A$
0.009	0.018	0.001	0.0009
0.018	0.032	0.002	0.0018
0.032	0.058	0.003	0.0027
0.058	0.100	0.006	0.0054
0.100	0.180	0.010	0.009
0.180	0.320	0.018	0.016
0.320	0.580	0.032	0.029
0.580	1.000	0.060	0.054
1.000	1.800	0.100	0.090
1.800	3.200	0.180	0.160

表 6.6 千分尺、游标卡尺的不确定度数值 U mm

尺寸范围		分度值为 0.01 的外径千分尺	分度值为 0.01 的内径千分尺	分度值为 0.02 的游标卡尺	分度值为 0.05 的游标卡尺
大于	至	不确定度数值			
0	50	0.004			
50	100	0.005	0.008		0.050
100	150	0.006		0.020	
150	200	0.007			
200	250	0.008	0.013		
250	300	0.009			
300	350	0.010			0.100
350	400	0.011	0.020		
400	450	0.012			
450	500	0.013	0.025		
500	600				0.100
600	700		0.030		
700	1000				0.150

4）确定工序尺寸

工序尺寸是工件在加工过程中各工序应保证的加工尺寸。因此，正确地确定工序尺寸及其公差，是制订工艺规程的一项重要工作。

工序尺寸的计算要根据零件图上的设计尺寸，以确定的各工序的加工余量及定位基准转换关系来进行。工序尺寸公差则按各工序加工方法的经济精度选定。对于精度要求较低的表面，只需粗加工工序就能保证设计要求，将设计尺寸作为工序尺寸即可，上下极限偏差的标注也按设计规定。当表面精度要求较高时，需依据以下两种情况确定工序尺寸及其公差：a.对定位基准、设计基准、工序基准重合的同一表面进行多次加工，确定各工序尺寸加工余量。分析时只需对零件图中的设计尺寸、各工序的加工余量以及各工序所能达到的精度由加工表面的最后工序开始依次向前推算，逐次加上每道工序的加工余量，分别可知各工序的公称尺寸，直至推算到毛坯为止。这样即可确定各工序的公称尺寸及其公差。各工序的加工余量可查相关手册得知，工序的尺寸公差带按经济精度确定，尺寸公差需按"入体"原则标注。b.若工序基准与设计基准不重合或由于工艺的原因使零件在加工过程中多次转换工序基准，则可采用工艺尺寸链图解法确定工序尺寸及其公差。

下面以工序 10 为例，介绍工序尺寸及工序余量的确定方法。

$\phi 25_{0}^{+0.021}$ 孔的加工需要四道工步，并且定位基准与工序基准重合。叉口孔基本尺寸为 $\phi 25mm$，公差为+0.021，依据表 6.7 可知其精度等级为 IT7。此孔表面粗糙度为 $Ra1.6\mu m$，查表 6.8 可知，选定其加工方案为钻、扩、粗铰、精铰，并确定精铰余量 $Z_{精铰}=0.06mm$，粗铰余量 $Z_{粗铰}=0.14mm$，扩孔余量 $Z_{扩}=1.8mm$，钻孔余量 $Z_{钻}=23mm$。精铰孔为IT7，粗铰孔为IT9，扩孔为IT11，钻孔为IT12。工步公差值，精铰孔为 0.021mm，粗铰孔为 0.052mm，扩孔为 0.13mm，钻孔为 0.21mm。按照上述方法，确定 $\phi 25_{0}^{+0.021}$ mm 孔的工序加工余量、工序尺寸公差及表面粗糙度，见表6.9。

表 6.7 内圆表面加工的经济精度与表面粗糙度

序号	加工方法	经济精度（IT）	表面粗糙度 Ra 值/μm	适用范围
1	钻	12~13	12.5	加工未淬火钢及铸铁的实心毛坯，也可用于加工有色金属（但表面粗糙度 Ra 值稍大），孔径<15~20mm
2	钻→铰	8~10	3.2~1.6	
3	钻→粗铰→精铰	7~8	1.6~0.8	
4	钻→扩	10~11	12.5~6.3	同上，但孔径>15~20mm
5	钻→扩→粗铰→精铰	7~8	1.6~0.8	
6	钻→扩→铰	8~9	3.2~1.6	
7	钻→扩→机铰→手铰	6~7	0.4~0.1	

续表

序号	加工方法	经济精度（IT）	表面粗糙度 Ra 值/μm	适用范围
8	钻→（扩）→拉	7~9	1.6~0.1	大批量生产，精度视拉刀精度而定
9	粗镗（或扩孔）	11~13	12.5~6.3	
10	粗镗（粗扩）→半精镗（精扩）	9~10	3.2~1.6	
11	扩（镗）→铰	9~10	3.2~1.6	
12	粗镗（扩）→半精镗（精扩）→精镗（铰）	7~8	1.6~0.8	毛坯有铸孔或锻孔的未淬火钢及铸件
13	镗→拉	7~9	1.6~0.1	
14	粗镗（扩）→半精镗（精扩）→精镗→浮动镗刀块精镗	6~7	0.8~0.4	
15	粗镗→半精镗→磨孔	7~8	0.8~0.2	淬火钢或非淬火钢
16	粗镗（扩）→半精镗→粗磨→精磨	6~7	0.2~0.1	
17	粗镗→半精镗→精镗→金刚镗	6~7	0.4~0.05	有色金属加工
18	钻→（扩）→粗铰→精铰→珩磨；钻→（扩）→拉→珩磨；粗镗→半精镗→精镗→珩磨	6~7	0.2~0.025	钢铁高精度大孔的加工
19	粗镗→半精镗→精镗→研磨	6级以上	0.1 以下	
20	钻（粗镗）→扩（半精镗）→精镗→金刚镗→脉冲滚挤	6~7	0.1	有色金属及铸件上的小孔

表 6-8　基孔制 7 级精度（H7）孔的加工　　　　　　　　　　　　mm

零件基本尺寸	直径					
	钻		用车刀镗以后	扩孔钻	粗铰	精铰
	第一次	第二次				
3	2.9	—	—	—	—	3H7
4	3.9	—	—	—	—	4H7
5	4.8	—	—	—	—	5H7
6	5.8	—	—	—	—	6H7
8	7.8	—	—	—	7.96	8H7
10	9.8	—	—	—	9.96	10H7
12	11.0	—	—	11.85	11.95	12H7
13	12.0	—	—	12.85	12.95	13H7

续表

零件基本尺寸	钻		直径			
	第一次	第二次	用车刀镗以后	扩孔钻	粗铰	精铰
14	13.0	—	—	13.85	13.95	14H7
15	14.0	—	—	14.85	14.95	15H7
16	15.0	—	—	15.85	15.95	16H7
18	17.0	—	—	17.85	17.94	18H7
20	18.0	—	19.8	19.8	19.94	20H7
22	20	—	21.8	21.8	21.94	22H7
24	22	—	23.8	23.8	23.94	24H7
25	23	—	24.8	24.8	24.94	25H7
26	24	—	25.8	25.8	25.94	26H7
28	26	—	27.8	27.8	27.94	28H7
30	15.0	28	29.8	29.8	29.93	30H7
32	15.0	30.0	31.7	31.75	31.93	32H7
35	20.0	33.0	34.7	34.75	34.93	35H7
38	20.0	36.0	37.7	37.75	37.93	38H7
40	25.0	38.0	39.7	39.75	39.93	40H7
42	25.0	40.0	41.7	41.75	41.93	42H7
45	25.0	43.0	44.7	44.75	44.93	45H7
48	25.0	46.0	47.7	47.75	47.93	48H7
50	25.0	48.0	49.7	49.75	49.93	50H7
60	30	55.0	59.5	59.5	59.9	60H7
70	30	65.0	69.5	69.5	69.9	70H7
80	30	75.0	79.5	79.5	79.9	80H7
90	30	80.0	89.3	—	89.9	90H7
100	30	80.0	99.9	—	99.8	100H7
120	30	80.0	119.3	—	119.8	120H7
140	30	80.0	139.3	—	139.8	140H7
160	30	80.0	159.3	—	159.8	160H7

续表

零件基本尺寸	直径					
	钻		用车刀镗以后	扩孔钻	粗铰	精铰
	第一次	第二次				
180	30	80.0	179.3	—	179.8	180H7

注：1. 在铸铁上加工直径小于 15mm 的孔时，不用扩孔钻和镗孔。

2. 在铸铁上加工直径为 30mm 与 32mm 的孔时，仅用直径为 28mm 与 30mm 的钻头各钻一次。

3. 如仅用一次铰孔，则铰孔的加工余量为本表中粗铰与精铰的加工余量之和。

4. 钻头直径大于 75mm 时采用环孔钻。

表 6.9 $\phi25$mm 孔加工各工步要求

$\phi25$mm 孔	精铰	粗铰	扩孔	钻孔
工步双面余量/mm	0.06	0.14	1.8	23
工步尺寸及公差/mm	$\phi25^{+0.021}_{0}$	$\phi24.94^{+0.052}_{0}$	$\phi24.8^{+0.013}_{0}$	$\phi23^{+0.021}_{0}$
表面粗糙度 Ra/μm	1.6	3.2	6.3	12.5

6.3 确定切削用量及基本时间

切削用量一般包括切削深度、进给量及切削速度三项。确定方法是先确定切削深度、进给量，再确定切削速度。作为示例，下面介绍工序 05、10 的切削用量及基本时间的确定方法。

6.3.1 工序 05 切削用量及基本时间的确定

本工序为粗铣 $\phi42$mm 圆左右端面。工序 05 分两个工步，工步 1 是以 $\phi42$mm 圆及其左端面定位，粗铣右端面；工步 2 是以右端面定位，粗铣左端面。此两个工步可在同一机床通过专用夹具定位加工，一次走刀即可完成，因此两个工步选用的切削速度、进给量以及切削深度均相同。

已知工件材料为 HT200，抗拉强度 σ_b=200MPa，材料硬度为 163~255HBS，砂型铸造。机床确定为 X53T，根据表 6.10 选择刀具为硬质合金钢端铣刀，牌号 YG6，并知切削深度 $a_p \leqslant 4$mm 时，端铣刀直径 d_0=80mm，铣削宽度 a_e=60mm，满足工件加工要求。由于采用硬质合金刀，故齿数 z=10。由材料硬度选择刀具角度，前角 γ_0=0°，后角 α_0=12°，副后角 α_0'=10°，刀齿斜角 λ_s=−15°，主刃 κ_r=60°，过渡刃 $\kappa_r\varepsilon$=30°，副刃 κ_r'=5°，过渡刃宽 b_ε=1.5mm。

表 6.10 硬质合金的应用范围分类和用途分组（GB 2075—87）

应用范围分类			用途分组		硬质合金牌号	性能提高方向	
代号	被加工材料	颜色	代号	被加工材料适应的加工条件		切削性能	材料性能
P	长切屑的黑色金属	蓝色	P01	高切削速度、小切屑断面、无振动条件下的精车和精镗	YT30、YN05	↑切削速度 ↓进给量	↑耐磨性 ↓韧性
			P10	高切削速度、中等或小断面切屑条件下的车削、仿形车削、车螺纹及铣削	YT15、YM10①、YC15①、YC12①、YT707②、YT712②、YT715②、YT758②		
			P20	钢、铸钢、长切屑可锻铸铁	中等切削速度和中等切屑断面条件下的车削、仿形车削和铣削，小切屑断面的刨削	YT14、YS25①、YC15①、YT712②、YT715②、YT758②、YT798②		
			P30	钢、铸钢、长切屑可锻铸铁	中或低切削速度、中等或大切屑断面以及不利条件下的车削、铣削、刨削	YT5、YS25①、YS30①、YT5R①、YT535②		
			P40	钢、含砂眼和气孔的铸钢	低切削速度、大切削角、大切屑断面以及不利条件下的车削、铣削、插削和自动机床加工	YS25①、YC45①、YT540②		
			P50	钢、含砂眼和气孔的中或低强度钢铸件	韧性很好的硬质合金的加工，在低切削速度、大切削角、大切屑断面及不利条件下的车削、刨削、切槽和自动机床加工	YC45①		

注：P20、P30 行中"钢、铸钢"列内容见表。

续表

应用范围分类			用途分组		硬质合金牌号	性能提高方向	
代号	被加工材料	颜色	代号	被加工材料适应的加工条件		切削性能	材料性能
M	长切屑或短切屑的黑色金属和有色金属	黄色	M10	钢、铸钢、锰钢、灰铸铁和合金铸铁	中或高切削速度、小或中等切屑断面条件下的车削	YW1、YD15①、YW3①、YM10①、YO12①、YG643②、YT707②、YT712②、YT767②	切削速度 ↑ 进给量 ↓ / 耐磨性 ↑ 韧性 ↓
			M20	钢、铸钢、奥氏体钢或锰钢、灰铸铁	中等切削速度和切屑断面条件下的车削、铣削	YW2、YS25①、YW3①、YT726②、YT758②、YT767②、YT798②、YG813②、YG532②	
			M30	钢、铸钢、奥氏体钢、灰铸铁、耐高温合金	中等切削速度、中等或大切屑断面条件下的车削、铣削、刨削	YS25①、YS2①	
			M40	易切钢、低强度钢、有色金属及轻合金	车削、切断，特别适于自动机床加工	YG640②	

续表

应用范围分类			用途分组		硬质合金牌号	性能提高方向	
代号	被加工材料	颜色	代号	被加工材料适应的加工条件		切削性能	材料性能
K	短切屑的黑色金属、有色金属及非金属材料	红色	K01	特硬灰铸铁、硬度大于85HS的冷硬铸铁、高硅铝合金、淬火钢、高耐磨塑料、硬纸板、陶瓷	车削、精车、镗削、铣削、刮削	YG3、YG3X、YD05①、YG600②、YG610②	↑切削速度 ↓进给量	↑耐磨性 ↓韧性
			K10	硬度大于220HBS的灰铸铁、短切屑的可锻铸铁、淬火钢、硅铝合金、铜合金、塑料、玻璃、硬橡皮、硬纸板、瓷器、石材	车削、铣削、钻削、镗削、拉削、刮削	YG6X、YG6A、YD10①、TD15①、YDS15①、YM051①、YM052①、YM053①、YG610②、YG643②、YT726②、YG813②、YG532②		
			K20	硬度小于220HBS的灰铸铁，有色金属：铜、黄铜、铝	车削、铣削、刨削、镗削、拉削，要求韧性很好的硬质合金	YG6、YG8N、YDS15①、YG813②、YG532②		
			K30	低硬度灰铸铁、低强度钢、压缩木料	在不利条件下和允许具有大切削角的车削、铣削、刨削、切槽加工	YG8、YG8N、YS2①、YG640②、YG546②		
			K40	软木或硬木、有色金属	在不利条件下和允许具有大切削角的车削、铣削、刨削、切槽加工	YG640②、YG546②		

注：1.不利条件系指原材料或带表皮的铸件或锻件，其硬度不匀、切削深度不匀、间断切削以及在有振动的情况下工作等。

2.牌号后注有①者为株洲硬质合金厂产品，注有②者为自贡硬质合金厂产品。

① 确定切削深度 a_p。由前述可知，左右端面的单面余量等于毛坯机械加工总余量，若考虑公差，单面最大余量为 4.4mm，可在一次走刀内完成，故单面切削深度 a_p=3.6mm。

② 确定每齿进给量 f_z。采用不对称端铣提高进给量。查表 6.11 可知铣床 X53T 电动机功率为 10kW，故选用 YG6，

$$f_z=0.14\sim0.24\text{mm}/z$$

采用不对称端铣提高进给量，故取

$$f_z=0.24\text{mm}/z$$

表 6.11 立式铣床主要技术参数

技术规格		型号					
		X5012	X51	X52K	X53K	X53T	XS5040
主轴端面至工作台面距离/mm		0~250	30~380	30~400	30~500	0~500	30~500
主轴中心线至床身垂直导轨面距离/mm		150	270	350	450	450	450
主轴孔锥度		莫氏3号	7:24	7:24	7:24	7:24	7:24
主轴孔径/mm		14	25	29	29	69.85	29
刀杆直径/mm		—	—	32~50	32~50	40	32.50
立铣头最大回转角度		—	—	±45°	±45°	±45°	—
主轴转速/(r/min)		130~2720	65~1800	30~1500	30~1500	18~1400	63~3150
主轴轴向移动量/mm		—	—	70	85	90	85
工作台尺寸/mm（长×宽）		500×125	1000×250	1250×320	1600×400	2000×425	1600×400
工作台最大行程/mm	纵向 手动/机动	250	620/620	700/680	900/880	1260/1250	900/880
	横向 手动/机动	100	190/170	255/240	315/300	410/400	315/300
	升降 手动/机动	250	370/350	370/350	385/365	410/400	385/365
工作台进给量/(mm/min)	纵向	手动	35~980	23.5~1180	23.5~1180	10~1250	40~2000
	横向		25~765	15~786	15~786	10~1250	27~1330
	升降		12~380	8~394	8~394	2.5~315	13.5~665
工作台快速移动速度/(mm/min)	纵向	手动	2900	2300	2300	3200	4000
	横向		2300	1540	1540	3200	2665
	升降		1150	770	770	800	1330

续表

技术规格		型号					
		X5012	X51	X52K	X53K	X53T	XS5040
工作台T型槽	槽数	3	3	3	3	3	3
	宽度	12	14	18	18	18	18
	槽距	35	50	70	90	90	90
主电动机功率/kW		1.5	4.5	7.5	10	10	13

③ 选择铣刀磨钝标准及刀具寿命。铣刀刀齿后刀面最大磨损量为 1.5mm；铣刀直径 d_0=80mm，刀具寿命 T=180min。

④ 确定切削速度 v_c 和每分钟进给量 v_f。切削速度可以通过计算得出，但是其计算公式比较复杂，实际生产中使用并不多，本例通过查相关资料可知，硬质合金铣刀切削速度为 60~100m/min，则所需主轴转速范围是

$$n = \frac{1000v}{\pi d} = 238.9 \sim 398 \text{r/min}$$

根据 X53T 型铣床的标准主轴转速，根据表 6.12 选取 n=280r/min，则实际切削速度为

$$v = \frac{\pi dn}{1000} = \frac{\pi \times 80 \times 280}{1000} \text{m/min} = 70.3 \text{m/min}$$

工作台每分钟进给量为

$$v_f = fn = a_f zn = 0.24 \times 10 \times 280 \text{mm/min} = 672 \text{mm/min}$$

根据表 6.13 立式铣床工作台进给量的规定，选取 v_f=630mm/min，则实际的每齿进给量为

$$a_f = \frac{v_f}{zn} = \frac{630}{10 \times 280} \text{mm/z} = 0.225 \text{mm/z}$$

实际每转进给量为

$$f = a_f z = 0.225 \times 10 \text{mm/r} = 2.25 \text{mm/r}$$

表 6.12 立式铣床主轴转速

型号	转速/（r/min）
X5012	130、188、263、355、510、575、855、1180、1585、2720
X51	65、80、100、125、160、210、255、300、380、490、590、725、945、1225、1500、1800
X52K X53K	30、37.5、47.5、60、75、95、118、150、190、235、300、375、475、600、750、950、1180、1500
X53T	18、22、28、35、45、56、71、90、112、140、180、224、280、355、450、560、710、900、1120、1400

表 6.13 立式铣床工作台进给量

型号	进给量/(mm/min)
X51	纵向：35、40、50、65、85、105、125、165、205、250、300、390、510、620、755、980
X51	横向：25、30、40、50、65、80、100、130、150、190、230、320、400、480、585、765
X51	升降：12、15、20、25、33、40、50、65、80、95、115、160、200、290、380
X52K X53K	纵向：23.5、30、37.5、47.5、60、75、95、118、150、190、235、300、375、475、600、750、950、1180
X52K X53K	横向：15、20、25、31、40、50、63、78、100、126、156、200、250、316、400、500、634、786
X52K X53K	升降：8、10、12.5、15.5、20、25、31.5、39、50、63、78、100、125、158、200、250、317、394
X53T	纵向及横向：10、14、20、28、40、56、80、110、160、220、315、450、630、900、1250
X53T	升降：2.5、3.5、5、7、10、14、20、27.5、40、55、78.5、112.5、157.5、225、315

⑤ 校验机床功率。HT200 硬度为 163~255HBS，a_e=42mm，a_p=3.6mm，f_z=2.25 mm/r，v_f=672 mm/min，近似为

$$P_{cc}=3.8\text{kW}$$

X53T 型铣床主轴允许功率为 P_{cM}=10kW，$P_{cc} \leqslant P_{cM}$，因此选择的切削用量可以采用，即 a_p=3.6mm，v_f=672mm/min，n=280r/min，v=70.3m/min，a_f=0.225mm/z。

⑥ 计算基本时间。端铣刀铣平面计算公式为

$$T_j=\frac{l+l_1+l_2}{v_f}$$

铣削方式为不对称铣削，故

$$l_1=0.5d-\sqrt{C_0(d-C_0)}+(1 \sim 3)$$
$$C_0=(0.03 \sim 0.05)d$$
$$l_2=3 \sim 5$$

式中，l=42mm；d=80mm；l_2=3mm。

则

$$T_j=\frac{l+l_1+l_2}{v_f}=\frac{42+23.56+3}{630}\text{min}=0.11\text{min}$$

该工序共包括两个工步，切削量相同，切削方式相同，故

$$T_j=\sum_{i=1}^{2}T_{ji}=0.11+0.11=0.22\text{min}$$

6.3.2 工序10 切削用量及基本时间的确定

（1）工步1 钻孔切削用量及基本时间的确定

本工序为钻、扩、粗铰、精铰$\phi 25$mm 孔，所用机床为 Z535 型立式钻床。选取 $d=23$mm，$l=253$mm，莫氏锥度为 2 号的高速工具钢锥柄麻花钻作为工具。钻头几何形状为：双锥、修磨横刃，$\beta=30°$，$2\varphi=120°$，$2\varphi_1=70°$，$b_\varepsilon=4.5°$，$\alpha_0=11°$，$\psi=55°$，$b=2.5$mm，$l=5$mm。

1）确定切削用量

① 确定背吃刀量 a_p。钻孔时，$a_p=\dfrac{23-0}{2}$mm=11.5mm。

② 确定进给量 f。钻孔时，进给量需从加工要求、钻头强度以及机床进给机构强度三方面综合考虑进给量。

a. 按照加工要求确定进给量。已知工件材料 HT200，材料硬度为 163~255HBS，钻孔直径 $d_0=23$mm，加工精度要求为 H12。当加工要求为 H12~H13 精度，铸铁硬度大于 200HBS，$d_0=23$mm 时，$f=0.47~0.57$mm/r。

由于$\phi 25$mm 孔是钻孔后需用铰刀加工的精确孔，需乘以系数 0.5，并且钻孔深度大于钻孔直径的 3 倍，需乘以修正系数，由于 $\dfrac{l}{d_0}=\dfrac{80}{23}=3.5$，插值计算的修正系数 $f_{tt}=0.98$，故

$$f=(0.47~0.57)\times 0.5\times 0.98\text{mm/r}=0.24~0.28\text{mm/r}$$

b. 按钻头强度决定进给量。由工件材料硬度计算钻头直径，可确定钻头强度允许的进给量 $f=1.75$mm/r。

c. 按机床进给机构强度确定进给量。Z535 立式钻床允许的轴向力为 15696N，可知进给量为 1.3mm/r。

从以上三个进给量比较可知，受限的进给量是按加工要求确定的，$f=0.24~0.28$mm/r。根据表 6.14 的 Z535 立式钻床进给量参数，选择 $f=0.25$mm/r。

由于是通孔，为了避免孔即将钻穿时钻头容易折断，将要钻穿时应停止自动走刀而改用手动走刀。

③ 确定钻头磨钝标准及寿命。当 $d_0=23$mm 时，钻头后刀面最大磨损量取为 0.8mm，寿命 $T=50$min。

④ 决定切削速度。修磨双锥及横刃，$d_0=23$mm，$f=0.25$mm/r，切削速度 $v_t=25$m/min。实例加工条件与列表条件不完全相同，故需对切削速度进行修正。切削速度的修正系数为：$k_{Tv}=1.0$，$k_{tv}=1.0$，$k_{xv}=1.0$，$k_{lv}=0.9$，故

$$v=v_t k_v=v_t k_{Tv} k_{tv} k_{xv} k_{lv}=25\times 1.0\times 1.0\times 1.0\times 0.9\text{m/min}=22.5\text{m/min}$$

$$n=\dfrac{1000v}{\pi d_0}=\dfrac{1000\times 22.5}{\pi\times 23}\text{r/min}=311.5\text{r/min}$$

根据 Z535 型立式钻床标准主轴转速，由表 6.15 选取 $n=275\text{r}/\min$，实际转速为
$$v_c=\frac{\pi d_0 n}{1000}=\frac{\pi\times 23\times 275}{1000}\text{m}/\min=20\text{m}/\min$$

⑤ 检验机床转矩及功率。

当 $f\leqslant 0.26\text{mm/r}$，$d_0\leqslant 25\text{mm}$ 时，$M_t=43.16\text{N}\cdot\text{m}$，转矩修正系数为 1.0，故 $M_c=43.16\text{N}\cdot\text{m}$。当硬度值在 170~230HBS，$d_0=23\text{mm}$，$f\leqslant 0.32\text{mm/r}$，$v_c=20\text{m/min}$ 时，$P_c=1\text{kW}$。

查表 6.14 可知，Z535 型钻床主轴最大扭转力矩 $M_m=392.4\text{N}\cdot\text{m}$，主电动机功率 $P_E=4.5\text{kW}$。

由于 $M_c\leqslant M_m$，$P_c\leqslant P_E$，故选择的切削用量可用。即 $f=0.25\text{mm/r}$，$n=n_c=275\text{r/min}$，$v_c=20\text{m/min}$。

表 6.14 立式钻床主要技术参数

技术规格	型号					
	Z518	Z525	Z525B	Z535	Z550	Z575
最大钻孔直径/mm	18	25	25	37	50	75
主轴端面至工作台面距离/mm	25~600	0~700	415	0~750	0~800	0~850
主轴端面至底座面距离/mm	—	750~1100	965	705~1130	650~1200	800~1300
主轴中心至导轨面距离/mm	200	250	315	300	350	400
主轴行程/mm	145	175	200	225	300	—
主轴孔莫氏锥度	2号	3号	3号	4号	5号	6号
主轴最大扭转力矩/N·m		245.25		392.4	784.8	1177.2
最大进给力/N	—	8829	—	15696	24525	39240
主轴转速/(r/min)	330~3040	97~1360	85~1500	68~1100	32~1400	22~1018
主轴箱行程/mm	—	200	—	200	250	500
进给量/(mm/r)	0.2	0.1~0.81	0.13~0.52	0.11~1.6	0.12~2.64	0.15~3.2
工作台行程/mm	375	325	385	325	325	350
工作台工作面积/mm²	350×350	500×375	φ400（直径）	450×500	500×600	600×750
主电动机功率/kW	1	2.8	2.2	4.5	7.5	10

表 6.15 立式钻床主轴转速

型号	转速/（r/min）
Z525	97、140、195、272、392、545、680、960、1360
Z525B	85、150、265、475、850、1500
Z535	68、100、140、195、275、400、530、750、1100

续表

型号	转速/(r/min)
Z550	32、47、63、89、125、185、250、351、500、735、996、1400
Z575	22、31、44、64、88、122、172、251、354、491、697、1018

2）计算基本时间

钻孔基本时间：

$$t_j = \frac{L}{fn} = \frac{l+l_1+l_2}{fn}$$

已知 $l = 80\text{mm}$，$l_1 = \frac{D}{2}\cot\kappa_r + (1\sim2) = \left(\frac{23}{2}\times\cot 60° + 1\right)\text{mm} \approx 7.6\text{mm}$，$l_2 = 0\text{mm}$，$f = 0.25\text{mm/r}$，$n = 275\text{r/min}$。代入公式，则基本时间为

$$t_j = \frac{80+7.6+0}{0.25\times 275} = 1.27\text{min}$$

（2）工步 2 扩孔切削用量及基本时间的确定

1）确定切削用量

① 确定背吃刀量 a_p。扩孔时，$a_p = \frac{z_{扩}}{2}\text{mm} = \frac{1.8}{2}\text{mm} = 0.9\text{mm}$。

② 确定进给量 f。按照加工要求确定进给量，扩孔直径 $d_0 = 24.8\text{mm}$，加工精度要求为 H11，可知

$$f = (1.0\sim 1.2)\times 0.7\text{mm/r} = 0.7\sim 0.84\text{mm/r}$$

根据 Z535 立式钻床进给量参数，选择 $f = 0.72\text{mm/r}$。

③ 确定切削速度。修磨双锥及横刃，$d_0 = 24.8\text{mm}$，$f = 0.72\text{mm/r}$，切削速度 $v_t = 16\text{m/min}$。切削速度的修正系数为：$k_{Tv} = 1.0$，$k_{tv} = 1.0$，$k_{Wv} = 1.0$，$k_{apv} = 1.0$，$k_{Mv} = 1.0$ 故

$$v = v_t k_v = v_t k_{Tv} k_{tv} k_{Wv} k_{apv} k_{Mv} = 16\times 1.0\times 1.0\times 1.0\times 1.0\times 1.0\text{m/min} = 16\text{m/min}$$

$$n = \frac{1000v}{\pi d_0} = \frac{1000\times 16}{\pi\times 24.8}\text{r/min} = 205.5\text{r/min}$$

根据 Z535 型立式钻床标准主轴转速，选取 $n = 195\text{r/min}$，实际速度为

$$v_c = \frac{\pi d_0 n}{1000} = \frac{\pi\times 24.8\times 195}{1000}\text{m/min} = 15.2\text{m/min}$$

2）计算基本时间

扩孔基本时间：

$$t_j = \frac{L}{fn} = \frac{l+l_1+l_2}{fn}$$

已知 $l=80\text{mm}$，$l_1=\dfrac{D-d_1}{2}\cot\kappa_r+(1\sim 2)=\left(\dfrac{24.8-23}{2}\times\cot 60°+1\right)\text{mm}\approx 1.5\text{mm}$，$l_2=2\text{mm}$，$f=0.72\text{mm/r}$，$n=195\text{r/min}$。代入公式，则基本时间为

$$t_j=\dfrac{80+1.5+2}{0.72\times 195}=0.59\min$$

（3）工步3 粗铰孔切削用量及基本时间的确定

1）确定切削用量

① 确定背吃刀量 a_p。扩孔时，$a_p=\dfrac{z_{\text{粗铰}}}{2}\text{mm}=\dfrac{0.14}{2}\text{mm}=0.07\text{mm}$。

② 确定进给量 f。按照加工要求决定进给量，扩孔直径 $d_0=24.94\text{mm}$，加工精度要求为 H9。可知 $f=0.9\sim 1.4\text{mm/r}$，选择 $f=1.4\text{mm/r}$。

③ 确定切削速度。$d_0=24.94\text{mm}$，$a_p=0.07\text{mm}$，切削速度 $v_t=13\text{m/min}$。

$$n=\dfrac{1000v}{\pi d_0}=\dfrac{1000\times 13}{\pi\times 24.94}\text{r/min}=166\text{r/min}$$

根据 Z535 型立式钻床标准主轴转速，选取 $n=140\text{r/min}$，实际速度为

$$v_c=\dfrac{\pi d_0 n}{1000}=\dfrac{\pi\times 24.94\times 140}{1000}\text{m/min}=11\text{m/min}$$

2）计算基本时间

铰孔基本时间：

$$t_j=\dfrac{L}{fn}=\dfrac{l+l_1+l_2}{fn}$$

按 $\kappa_r=5°$，$a_p=0.07\text{mm}$，可知 $l_1=1.1\text{mm}$，$l_2=15\text{mm}$，另知 $l=80\text{mm}$，$f=1.4\text{mm/r}$，$n=140\text{r/min}$。代入公式，则基本时间为

$$t_j=\dfrac{80+1.1+15}{1.4\times 140}=0.5\min$$

（4）工步4 精铰孔切削用量及基本时间的确定

1）确定切削用量

① 确定背吃刀量 a_p。扩孔时，$a_p=\dfrac{z_{\text{精铰}}}{2}\text{mm}=\dfrac{0.06}{2}\text{mm}=0.03\text{mm}$。

② 确定进给量 f。按照加工要求决定进给量，扩孔直径 $d_0=25\text{mm}$，加工精度要求为 H7。可知 $f=0.9\sim 1.4\text{mm/r}$，选择 $f=1.1\text{mm/r}$。

③ 确定切削速度。$d_0=25\text{mm}$，$a_p=0.03\text{mm}$，切削速度 $v_t=10\text{m/min}$。

$$n=\dfrac{1000v}{\pi d_0}=\dfrac{1000\times 10}{\pi\times 25}\text{r/min}=127.4\text{r/min}$$

根据 Z535 型立式钻床标准主轴转速，选取 $n=100\text{r/min}$，实际速度为

$$v_c = \frac{\pi d_0 n}{1000} = \frac{\pi \times 25 \times 100}{1000} \text{m/min} = 7.85 \text{m/min}$$

2）计算基本时间

铰孔基本时间：

$$t_j = \frac{L}{fn} = \frac{l + l_1 + l_2}{fn}$$

按 $\kappa_r = 5°$，$a_p = 0.03\text{mm}$，可知 $l_1 = 0.57\text{mm}$，$l_2 = 13\text{mm}$，另知 $l = 80\text{mm}$，$f = 1.1\text{mm/r}$，$n = 100\text{r/min}$。代入公式，则基本时间为

$$t_j = \frac{80 + 0.57 + 13}{1.1 \times 100} = 0.85 \text{min}$$

6.4 专用机床夹具设计

机床夹具是机械加工工艺系统的重要组成部分，是机械制造中的重要工艺装备。工件在机床上进行加工时，为了使工件在该工序所加工的表面能达到规定的尺寸和位置公差要求，在开动机床进行加工之前，必须使工件在机床上相对刀具占有正确的位置。因此，必须对工件进行定位和夹紧，这就需要设计专用机床夹具。其作用是可靠地保证工件的加工质量，提高加工效率，减轻劳动强度，充分发挥和扩大机床的工艺性能。因此，机床夹具设计是机械加工工艺准备中的一项重要工作。

本章以工序 50——加工 $M22 \times 1.5$ 螺纹孔的钻床夹具设计为例，本夹具将用于 Z535 立式钻床，刀具选定为 $\phi 20.5\text{mm}$ 高速钢直柄麻花钻及 $M22 \times 1.5$ 丝锥，对工件的上端面进行制孔加工。

6.4.1 明确加工要求

本夹具用来加工 $M22 \times 1.5$ 的螺纹孔，在整个机械加工工艺规程中为工序 50，加工本道工序时，$\phi 25\text{mm}$ 孔、$\phi 60\text{mm}$ 以及沟槽面均已完成加工任务，故加工螺纹孔时应注意保证工艺孔与 $\phi 25\text{mm}$ 叉轴孔垂直度，以及距沟槽端面 $44_{-0.3}^{\ 0}\text{mm}$ 的尺寸精度。经上述分析，为保证螺纹孔的形位公差，加工时应以 $\phi 25\text{mm}$ 孔为精基准，并保证夹具与零件之间有良好的接触关系，故在设计夹具时，应主要考虑如何定位确保加工出合格零件，以及如何降低劳动强度和提高劳动生产率。

6.4.2 夹具的设计

（1）确定定位方案、选择定位元件

在钻模的设计中，工件的定位方案与定位基准面的选择一般应与该工件的机械加工工艺规程一致。若工艺规程中的定位方案与定位基准面的选择有问题，可重新考虑和确定。

由零件图样和该零件的机械加工工艺规程可知，$M22\times1.5$ 螺纹孔中心线与 $\phi25\text{mm}$ 孔的中心线垂直，表明此螺纹孔的工序基准是 $\phi25\text{mm}$ 孔，在定位基准面及定位方案选择上要尽可能以 $\phi25\text{mm}$ 孔为定位基准，避免由于基准不重合带来的加工误差。

由零件加工要求可知，加工 $M22\times1.5$ 螺纹孔时必须限制 6 个自由度，本工序加工孔位于拨叉件上端面，定义 32×32 面垂直方向为 Z 轴方向，$\phi25\text{mm}$ 孔轴线方向为 X 轴方向。选择 $\phi25\text{H7}$ 孔为主要定位基准，利用固定式定位销限制两个自由度 $\vec{Y}$、$\vec{Z}$；以 $\phi25\text{H7}$ 孔右端面为支承平面，采用操作方便的转动压板即可，限制 $\vec{X}$、$\hat{Y}$ 和 $\hat{Z}$；下方叉口 $\phi60\text{mm}$ 孔为第三定位基准，利用削边销限制 $\hat{X}$ 自由度，至此夹具形成一面两孔的定位方式限定工件自由度，使其六个自由度均被限制。

（2）切削力及夹紧力计算

钻头每一刃都产生切削力，包括切向力（主切削力）、背向力（径向力）和进给力（轴向力）。当左右切削刃对称时，背向力抵消，最终对钻头产生影响的是进给力 F_f 与切削转矩 M_c。钻削时进给力、转矩计算公式为：

$$F_f = C_F d_0^{zF} f^{yF} k_F$$

$$M_c = C_M d_0^{zM} f^{yM} k_M$$

式中，$C_F = 420$；$zF = 1.0$；$yF = 0.8$；$d_0 = 20.5\text{mm}$；$f = 0.57\text{mm/r}$；$C_M = 0.206$；$zM = 2.0$；$yM = 0.8$；切削力修正系数 $k_F = k_{MF} k_{xF} k_{hF}$；扭矩修正系数 $k_M = k_{MM} k_{xM} k_{hM}$。查相关资料可知，$k_{MF} = k_{MM} = 1.06$，$k_{xF} = k_{xM} = 1.0$，$k_{hF} = k_{hM} = 1.0$，代入公式可得：

$$F_f = C_F d_0^{zF} f^{yF} k_F = 420 \times 20.5 \times 0.57^{0.8} \times 1.06 \times 1 \times 1\text{N} = 5821\text{N}$$

$$M_c = C_M d_0^{zM} f^{yM} k_M = 0.206 \times 20.5^2 \times 0.57^{0.8} \times 1.06 \times 1 \times 1\text{N}\cdot\text{m} = 58.5\text{N}\cdot\text{m}$$

按照夹具设计原则合理确定夹紧力的作用点和作用方向之后，应计算夹紧力的大小。计算夹紧力是一个复杂的问题，一般只能粗略估算。因为在加工过程中，工件受到切削力、重力、冲击力、离心力和惯性力等的作用，从理论上讲，夹紧力的作用效果必须与上述作用力（矩）相平衡。通常会假设工艺系统是刚性的，切削过程是稳定的，在这些假设条件下，按静力学原理求出夹紧力的大小。

由于拨叉 $M22\times1.5$ 螺纹孔在同一夹具上完成钻孔及攻螺纹加工，加工过程中不拆工件，且钻孔所需的力大于攻螺纹的力，所以确定夹紧力只需确定钻孔时所需的夹紧力。通过前述定位方式可知，夹紧力的方向在 $\phi25\text{mm}$ 孔轴线上，与钻削力产生的转矩

同轴，所以夹紧力 F 只要保证工件相对于夹具体没有移动就可以。

（3）定位误差分析

利用夹具在机床上加工时，机床、夹具、工件、刀具等形成一个封闭的加工系统。它们之间相互联系，最后形成工件和刀具之间的正确位置关系。因此，在夹具设计中，当结构方案确定后，应对所设计的夹具进行精度分析和误差计算。

本道工序为钻螺纹底孔并攻螺纹 $M22 \times 1.5$，需保证所钻底孔垂直于中心孔。由于是立钻，又是一面两销定位，在垂直方向可能存在偏转。

转角定位误差为：

$$\Delta_{dw} = \pm \arctan\left(\frac{D_{1max} - d_{1min} + D_{2max} - d_{2min}}{2L}\right)$$

$$= \pm \arctan\left(\frac{25.021 - 24.98 + 60.3 - 59.971}{2 \times 127}\right)$$

$$\approx \pm 0.08346° = \pm 5'$$

除了上面的误差外，影响孔位置度的因素还有：

① 钻模板上装衬套孔的尺寸公差：$\Delta_1 = 42.025 - 42.017 = 0.008$mm。
② 衬套与钻套配合的最大间隙：$\Delta_2 = 30.041 - 30.015 = 0.026$mm。
③ 钻套与钻头配合的最大间隙：$\Delta_3 = 20.541 - 20.5 = 0.041$mm。
④ 钻套的同轴度公差：$\Delta_4 = 0.005$mm。

故综合误差为：

$$\sqrt{\Delta_1^2 + \Delta_2^2 + \Delta_3^2 + \Delta_4^2} = \sqrt{0.008^2 + 0.026^2 + 0.041^2 + 0.005^2} = 0.049 \text{mm}$$

能满足零件要求。

（4）确定导向方案和选择导向元件

在钻模中，钻套作为刀具导向元件，主要用于保证被加工孔的位置精度，同时可以起到减少加工过程中振动的作用。由于可换钻套磨损后可以迅速更换，适用于中批、大批量生产，故本夹具选用可换钻套。

钻套中导向孔的孔径及其偏差应根据所选取的刀具尺寸来确定。通常取刀具的上极限尺寸作为引导孔的公称尺寸。由前述可知，本工序选用的是 $d=20.5$mm 高速钢麻花钻，查相关资料可知高速钢麻花钻的上极限偏差为 0，下极限偏差为 -0.033mm，故引导孔的公称直径为 $\phi 20.5$mm。可换钻套的具体结构和规格尺寸按照表 6.16 选取。引导孔的偏差应取 F7，钻套中与衬套配合的部分公差取 k6 或 m6，即钻套内孔 $d = \phi 20.5^{+0.041}_{+0.020}$ mm，外圆 $D = \phi 30^{+0.021}_{+0.008}$ mm。

钻套与工件之间应留有排屑间隙，若间隙过大，将影响导向作用；若间隙过小，切屑将不能及时排出。钻套与工件间的距离 $h = (0.3 \sim 0.7)d = (0.3 \sim 0.7) \times 20.5$mm $= 6.15 \sim 14.35$mm，考虑工件钻孔切削量较大，切削较多，故取 $h=14$mm。

衬套的具体结构和规格尺寸见表 6.17，衬套中与钻套合格的部分公差取 F7，与夹具体配合的部分公差取 n6，得衬套外圆 $D = \phi 42^{+0.033}_{+0.017}$ mm，内孔 $d = \phi 30^{+0.041}_{+0.020}$ mm。

钻套螺钉的具体结构和规格尺寸可查阅相关资料。

表6.16 可换钻套（JB/T 8045.2—1999） mm

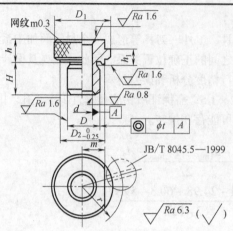

技术条件
1. 材料：$d \leq 26mm$，T10A 按 GB/T 1298—2008 的规定；$d>26mm$，20 钢按 GB/T 699—1999 的规定。
2. 热处理：T10A 为 58~64HRC；20 钢渗碳深度为 0.8~1.2mm，58~64HRC。
3. 其他技术条件按 JB/T 8044—1999 的规定。

d 公称尺寸	d 极限偏差 F7	D 公称尺寸	D 极限偏差 m6	D 极限偏差 k6	滚花前 D_1	D_2	H	h	h_1	r	m	t	配用螺钉 JB/T 8045.5—1999
>0~3	+0.016 / +0.006	8	+0.015 / +0.006	+0.010 / +0.001	15	12	10	16	—	8	3	11.5	4.2	M5
>3~4	+0.022 / +0.010													
>4~6		10			18	15	12	20	25			13	5.5	
>6~8	+0.028 / +0.013	12			22	18						16	7	0.008
>8~10		15	+0.018 / +0.007	+0.012 / +0.001	26	22	16	28	36	10	4	18	9		M6
>10~12		18			30	26						20	11	
>12~15	+0.034 / +0.016	22			34	30	20	36	45			23.5	12	
>15~18		26	+0.021 / +0.008	+0.015 / +0.002	39	35						26	14.5	
>18~22		30			46	42	25	45	56	12	5.5	29.5	18	M8
>22~26	+0.041 / +0.020	35			52	46						32.5	21	
>26~30		42	+0.025 / +0.009	+0.018 / +0.002	59	53						36	24.5	0.012
>30~35		48			66	60	30	56	67			41	27	
>35~42	+0.050 / +0.025	55			74	68						45	31	
>42~48		62	+0.030 / +0.011	+0.021 / +0.002	82	76				16	7	49	35	M10
>48~50		70			90	84	35	67	78			53	39	0.040
>50~55	+0.060 / +0.030													

续表

d		D			滚花前 D_1	D_2	H	h	h_1	r	m	t	配用螺钉 JB/T 8045.5—1999
公称尺寸	极限偏差 F7	公称尺寸	极限偏差 m6	极限偏差 k6									
>55~62		78	+0.030 +0.011	+0.021 +0.002	100	94	40	78	105	58	44	0.040	M10
>62~70	+0.060 +0.030	85			110	104				63	49		
>70~78		95	+0.035 +0.013	+0.025 +0.003	120	114	16	7		68	54		
>78~80							45	89	112				
>80~85	+0.071 +0.036	105			130	124				73	59		

注：当作铰（扩）套使用时，d 的公差带推荐如下。

采用 GB/T 1132—2004 铰刀，铰 H7 孔时，取 F7；铰 H9 孔时，取 E7。

铰（扩）其他精度孔时，公差带由设计选定。

表 6.17 钻套用衬套 mm

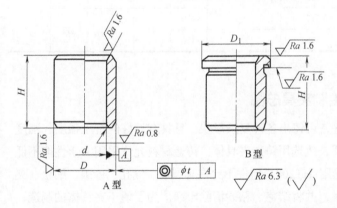

技术条件

1. 材料：$d \leqslant 26mm$，T10A 按 GB/T 1298—2008 的规定；$d > 26mm$，20 钢按 GB/T 699—1999 的规定。

2. 热处理：T10A 为 58~64HRC；20 钢渗碳深度 0.8~1.2mm，58~64HRC。

3. 其他技术条件按 JB/T 8044—1999 的规定。

d		D		D_1	H		t
公称尺寸	极限偏差 F7	公称尺寸	极限偏差 n6				
8	+0.028 +0.013	12	+0.023 +0.012	15	10	16	—
10		15		18	12	20	25	0.008
12		18		22				
(15)	+0.034 +0.016	22	+0.028 +0.015	26	16	28	36	
18		26		30				0.012

续表

d		D		D_1	H		t
公称尺寸	极限偏差 F7	公称尺寸	极限偏差 n6				
22	+0.041 +0.020	30	+0.028 +0.015	34	20	36	45	0.012
(26)		35		39				
30		42	+0.033 +0.017	46	25	45	56	
35		48		52				
(42)	+0.050 +0.025	55		59				
(48)		62	+0.039 +0.020	66	30	56	67	
55		70		74				
62	+0.060 +0.030	78		82	35	67	78	
70		85		90				0.040
78		95	+0.045 +0.023	100	40	78	105	
(85)		105		110				
95	+0.071 +0.036	115		120	45	89	112	
105		125	+0.052 +0.027	130				

（5）设计夹具体、绘制夹具总图

由于铸造夹具体工艺性好，可铸出各种复杂形状，且具有较好的抗压强度、刚度和抗振性，在生产中应用广泛，故选用铸造夹具体。铸造材料允许采用力学性能不低于元件牌号的其他材料，故选用 HT200。铸件不允许有裂痕、气孔、砂眼、缩松、夹渣、浇口、冒口，飞翅应铲平，并将结疤、粘砂清除干净。为了便于夹具体的制造、装配和检验，铸造夹具体上安装各种元件的表面应铸出凸台，以减小加工面积，如夹具体底板上的耳座铸出凸台。

夹具总图应遵循国家标准绘制，图形大小的比例尽量取 1∶1，使所绘制的夹具总图直观性好。总图中的视图应尽量少，但必须能清楚地反映出夹具的工作原理和结构，清楚地表示出各种装置和元件的位置关系等。主视图应取操作者实际工作时的位置，以作为装配夹具时的依据并供使用时参考。

钻床夹具的装配图及夹具体零件图分别参见图 6.4、图 6.5。

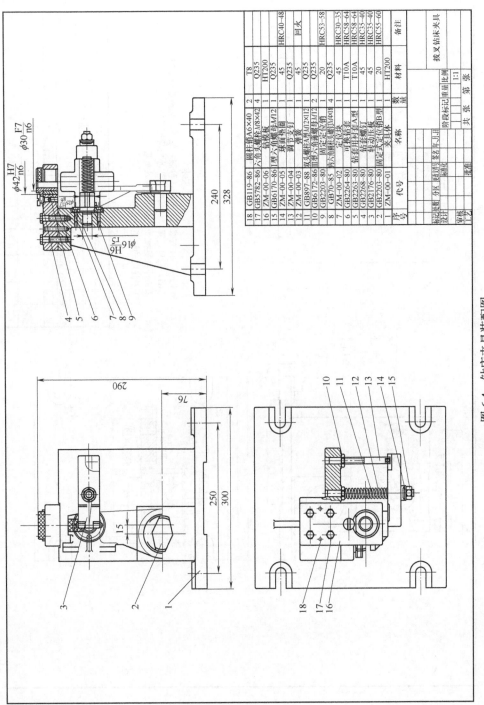

图 6.4 钻床夹具装配图

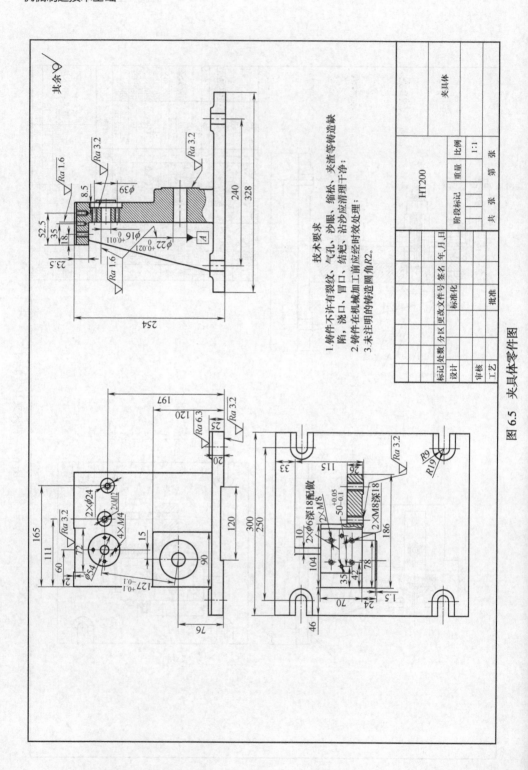

图 6.5 夹具体零件图

参 考 文 献

[1] 李益民. 机械制造工艺设计简明手册 [M]. 2版. 北京：机械工业出版社，2013.
[2] 陈宏钧. 实用机械加工工艺手册 [M]. 4版. 北京：机械工业出版社，2016.
[3] 艾兴，肖诗纲. 切削用量简明手册 [M]. 3版. 北京：机械工业出版社，2002.
[4] 卢秉恒. 机械制造技术基础 [M]. 4版. 北京：机械工业出版社，2017.
[5] 李大磊，杨丙乾. 机械制造工艺学课程设计指导书 [M]. 3版. 北京：机械工业出版社，2019.
[6] 邹青，呼咏. 机械制造技术基础课程设计指导教程 [M]. 2版. 北京：机械工业出版社，2011.
[7] 吴拓. 机械制造工艺与机床夹具课程设计指导 [M]. 4版. 北京：机械工业出版社，2019.
[8] 于骏一，邹青. 机械制造技术基础 [M]. 2版. 北京：机械工业出版社，2009.
[9] 巩亚东，史家顺，朱立达. 机械制造技术基础 [M]. 2版. 北京：科学出版社，2017.
[10] 李菊丽，郭华锋. 机械制造技术基础 [M]. 2版. 北京：北京大学出版社，2017.
[11] 赵世友，李跃中. 机械制造技术基础 [M]. 北京：机械工业出版社，2022.
[12] 金晓华. 机械制造技术基础 [M]. 北京：机械工业出版社，2021.
[13] 任小中，任乃飞. 机械制造技术基础习题集 [M]. 北京：机械工业出版社，2018.
[14] 王红军. 机械制造技术基础学习指导与习题 [M]. 北京：机械工业出版社，2021.
[15] 朱立达，巩亚东，史家顺. 机械制造技术基础学习辅导与习题解答 [M]. 北京：科学出版社，2017.
[16] 李凯岭. 机械制造技术基础（3D版）[M]. 北京：机械工业出版社.2018.
[17] 王茂元. 机械制造技术基础 [M]. 北京：机械工业出版社.2011.
[18] 黄健求. 机械制造技术基础 [M]. 北京.机械工业出版社.2011.
[19] 张世昌，李旦，张冠伟. 机械制造技术基础 [M]. 北京：高等教育出版社，2014.
[20] 常同立，佟志忠. 机械制造工艺学 [M]. 2版. 北京. 中国水利水电出版社，2014.
[21] 张悦，李强，王伟. 机械制造技术基础 [M]. 北京：国防工业出版社，2014.
[22] 韩步愈. 金属切削原理与刀具 [M]. 3版. 北京：机械工业出版社，2015.
[23] 王纪安. 工程材料与成形工艺基础 [M]. 北京：高等教育出版社，2015.
[24] 张维纪. 金属切削原理及刀具 [M]. 3版. 杭州：浙江大学出版社，2013.
[25] 上海市金属切削技术协会. 金属切削手册 [M]. 2版. 上海：上海科学技术出版社，1984.
[26] 宋小龙，安继儒. 新编中外金属材料手册 [M]. 北京：化学工业出版社，2007.
[27] 李旦. 机械加工工艺手册 [M]. 2版. 北京：机械工业出版社，2007.
[28] 赵如福. 金属机械加工工艺人员手册 [M]. 4版. 上海：上海科学技术出版社，2006.
[29] 黄鹤汀. 金属切削机床 [M]. 2版. 北京：机械工业出版社，2011.
[30] 孙成通. 机械制造技术基础 [M]. 济南：山东人民出版社，2012.